U0256517

国家出版基金项目
NATIONAL PUBLICATION FOUNDATION

"十三五"国家重点图书出版规划项目
现代马业出版工程
中国马业协会"马上学习"出版工程重点项目

HANDBOOK OF EQUINE RADIOGRAPHY

马X线摄影手册

［英］马丁·韦弗（Martin Weaver）
［英］萨菲亚·巴拉克扎伊（Safia Barakzai） 编著

熊惠军 王 志 谭婉虹 王 飞 主译

中国农业出版社
北 京

Elsevier (Singapore) Pte Ltd.
3 Killiney Road, #08-01 Winsland House I, Singapore 239519
Tel: (65) 6349-0200; Fax: (65) 6733-1817

This translation of HANDBOOK OF EQUINE RADIOGRAPHY, First edition by Martin Weaver and Safia Barakzai was undertaken by China Agriculture Press Co., Ltd. and is published by arrangement with Elsevier (Singapore) Pte Ltd.
HANDBOOK OF EQUINE RADIOGRAPHY, First edition by Martin Weaver and Safia Barakzai 由中国农业出版社进行翻译，并根据中国农业出版社与爱思唯尔（新加坡）私人有限公司的协议约定出版。

《马 X 线摄影手册》（第 1 版）（熊惠军　王志　谭婉虹　王飞　主译）
ISBN: 978-7-109-23896-1

本书译者名单

主 译 熊惠军 王 志 谭婉虹 王 飞

参 译 许利霞

目　录

第 1 部分
X 线摄影
原理

第1章 X线图像形成

　　所有 X 线图像都是由一种 X 线光子（能量粒子）而产生，X 线光子在穿透物体时部分被吸收，其被吸收的程度取决于物体（如液体、软组织、骨骼）的密度。X 线是金属钨受电子束照射时所发出的一种能量。传统 X 线摄影使用非增感屏胶片，由 X 线机发射 X 线，X 线穿透患马后，引起 X 线胶片涂层面的感光乳剂卤化银电离（曝光）。在 X 线暗盒中装入荧光增感屏，可进一步加剧电离过程：X 线使增感屏发出荧光，正是这种荧光使卤化银电离。由于一个 X 线光子可以产生许多光电子，当使用增感屏时就可以降低 X 线曝光量。X 线胶片经过显影和定影处理，X 线胶片上的潜影就可转成大家熟悉的 X 线图像。

　　不论 CR（computed radiography，计算机 X 线摄影）还是 DDR（direct digital radiography，直接数字 X 线摄影），均以胶片为基础，其所产生的图像反映了 X 线穿透物体后的 X 线量。从 X 线束源开始，X 线控制器允许每次曝光量（毫安 mA 和时间 s，即毫安秒 mAs）和 X 线能量［千伏（kV）］总量差异。mAs 不足将导致 X 线图像呈现整片灰白（曝光不足）。高对比度 X 线图像是大多数马外科 X 线摄影所期待的，这可通过使用"低千伏技术"获得。70kV 以下的 X 线投照，可以产生中等能量的 X 线，这很容易被稍厚组织或较高原子序数组织所吸收。如果增加能量（较高千伏），更多的 X 线就可穿透物体成像，导致低对比度。X 线胶片的总曝光量也取决于 X 线球管与 X 线胶片之间的距离 [焦点胶片距（film-focus distance，FFD）]，这应保持恒定以确保 X 线图像密度。

未经 X 线光子曝光的 X 线胶片区域，经过暗室处理后呈白色；而经原发 X 线照射、未被物体吸收的 X 线胶片区域呈黑色。其他所有区域呈现不同灰度，这些不同灰度区域组合成被检查物体结构的 X 线图像。CR 和 DDR 系统保留这种转化，尽管其图像可以进行后处理。有高原子序数（骨骼等）致密物体，如水、肌肉和脂肪，能吸收更多 X 线。较厚的致密组织也将吸收更多的 X 线。因此，骨质硬化区比邻近骨骼显得更白。

X 线摄影形成三维组织结构的二维图像。为了弥补不足，被摄区域通常需要至少做 2 个投照位。

第2章　X线摄影器材

X线机

　　有三种可用的X线机，分别为便携式、移动式和天轨固定式。便携式X线机是兽医急诊理想的器材之一，因为它们可以被方便地送到客户那里，并且可以在任何有电源的地方设置。便携式X线机可同时输出毫安和千伏，可用于马四肢、头部和前段颈椎的X线拍摄。较低毫安的输出使其比大功率机所造成的运动伪影更明显。移动式X线机可以在同一场所的不同房间之间进行移动，但是因为太大、太重而不方便进行车辆运输。与便携式X线机相比，移动式X线机有更大的输出，可以对马较大块的组织结构（膝关节、肘关节、肩关节和后段颈椎）进行X线诊断拍摄。用于马的天轨固定式X线机必须固定在天花板上，并且要有最大的输出功率。它们经常被用于需要高质量X线片的部位，如骨盆和胸腰椎。其中一些X线机连接暗盒，暗盒随X线机移动，同时保持与X线中心对准，并且具有透视功能。在作者的诊所，这三种X线机均被使用，移动式X线机经常被用于外科手术中X线摄影。

　　当考虑购置一台X线机时，特别是便携式X线机，要知道毫安和千伏是成反比的，实际上不能同时达到两者标明的最大输出。一些便宜的X线机不允许分别进行毫安和千伏调节，升高其中一项时，另一项自动降低。机器监管至关重要，大多数欧洲国家的健康安全法规禁止 X 线辐射，虽然它由操作人员控制，但机器操作相关人员的暴露风险远远超过了所获得的便利。因此，进行蹄部投照时，要考虑如何降低 X 线机头（球管）与地面的距离。现代 X 线机使用限光栅校准 X 线中心，但是一些老式机器仍然使用圆锥形遮光筒，极不方便。

暗盒和增感屏

暗盒是为人医医院而生产的，如用于马 X 线摄影时要小心使用。作者使用暗盒的尺寸有 3 种：18cm×24cm、24cm×30cm 和 36cm×45cm。大尺寸的暗盒／胶片用于头部、胸部、腹部（驹），以及四肢近端关节的外内侧位和脊椎侧位投照。

X 线增感屏经 X 线激发荧光，可降低 X 线曝光因素（见附录 I）。标准暗盒包括在其两个内面的增感屏，并随双面感光乳剂的 X 线胶片一并使用。为获得较高清晰度 X 线图像，可以使用单面增感屏的暗盒与单面乳化剂的 X 线胶片，但这样就会增加曝光值。总之，X 线胶片种类要与所使用的增感屏相匹配。不同的增感屏对 X 线的敏感性不同。使用高速增感屏（通常为稀土成分）虽然曝光值低，但其产生的 X 线图像不如钨酸钙慢速增感屏产生的图像清晰。在马 X 线摄影中，图像很容易出现运动性模糊。因此，快速胶片 - 增感屏组合就变成了首选。增感屏容易损坏和积聚污垢，所以要定期检查和清洗。

滤线栅

滤线栅是用来减少到达 X 线暗盒的散射线量。多余的散射线在 X 线片上呈现模糊外观。滤线栅是由镶入塑料中的一系列细铅条组成，直接置于暗盒前使用。细铅条的厚度与排列因不同类型滤线栅而异。厚度大于 12cm 的区域通常才使用滤线栅，但是个别临床兽医偏爱使用滤线栅。使用滤线栅需要增加 X 线曝光值。使用聚焦型滤线栅时，其细铅条角度偏向 X 线中心，原发 X 线必须准确落在滤线栅的中心，否则 X 线图像质量会因出现图像线条而遭到破坏（"切割效应"）。

X 线片标识

标识形式对 X 线片是至关重要的。理想的是每张 X 线片必须标有患马信息、日期和投照位。在马 X 线摄影中，对侧组织结构同样做多投照位，标识不清很容易导致混乱。例如，没有标识时，很难区分球节标准投照斜位。应当记住，X 线片是病例医疗记录的一部分，标识不正确有可能承担法律后果。标识可以在 X 线投照之前（铅条书写或铅字母），或在 X 线投照与暗室处理之间（在暗室中光线照射在胶片未曝光的角落，或 CR 暗盒电脑标识）进行。

暗盒支架

暗盒支架应与暗盒相匹配。仅膝关节外内侧位投照时，手持暗盒是可以接受的，因为此时暗盒要向上推。在这种情况下，应使用现有最大尺寸暗盒，确保助手手臂不受原发 X 线照射。暗盒支架可用木头或铝制作，支架柄通常长 70～100cm。

蹄部摆位辅助装置

蹄部 X 线摄影需要几个支撑物帮助摆位。一个支撑物应该有一个楔形槽或一个大凹沟，以牢固支撑蹄尖可做肢蹄"直立位"投照。如果在这个蹄叉后面有一个相同凹沟支撑物，就很方便持暗盒，这样就避免助手去持暗盒了。做肢体远端外内侧位投照时，需要有一简单支撑物（通常为木制支撑），以抬高蹄部使其与 X 线束中心在同一水平上。支撑物的高度取决于

X 线机头与地面的距离。在对蹄部掌面做掌近-掌远（PaPr-PaDi）（"切线位"）投照时，需要一个空盒（隧道暗盒），以保护暗盒免受马的重量而损坏（图 2-1）。

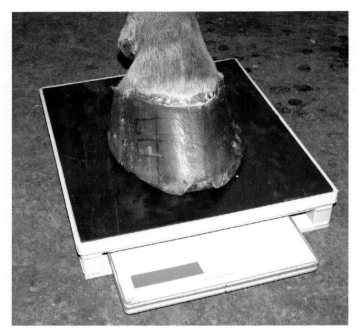

图 2-1　隧道暗盒和马蹄部摆位，做舟骨"切线"位投照

计算机 X 线摄影（CR）和直接数字 X 线摄影（DDR）

计算机 X 线摄影已经使用约 20 年了，并且在马诊疗中获得了快速发展。CR 所使用的暗盒含磷屏但无 X 线胶片，并且有如传统暗盒那样的尺寸提供。X 线产生的潜影储存于屏中，直至由激光扫描。这样不仅图像质量与最佳 X 线片相似，而且具有数字摄影优点，如可以调节亮度、对比度和图像放大等。本书所有 X 线图像都是使用 CR 系统拍摄的。DDR 系统可以直接成像，无须图像处理，而且图像质量优于 CR。除了曝光值需微调外，不管采用 CR 系统还是 DDR 系统，X 线摄影技术以及其他辅助设备都是相同的。

第3章 辐射安全和患马准备

　　X线辐射会增加癌症和基因突变的概率。因此，做患马X线摄影时，更重要的是采取适当的安全防护措施。

　　虽然不同国家、不同地区的辐射法规和法律各不相同，但其实践原则是：不论在什么地方，马X线摄影对所有相关人员的辐射量必须降至最低程度。

辐射安全原则

- 凡涉及电离辐射的任何操作程序，必须有明确的临床适应证。
- 操作人员应尽量避免暴露于辐射之下（合理可行尽量低的原则）。
- 不能超过个人安全剂量。

辐射源

　　原发X线束是进行马X线摄影时的主要辐射源。也会产生散射线，尤其是在使用高剂量曝光时（肢体近端、颈部和胸部）。与小动物X线摄影常使用垂直X线束相比，水平投照被视为马的许多X线摄影的标准投照位，这意味着：工作人员被原发X线束辐射的风险增加。

　　通常使用可见光束限光栅（图3-1）校准X线照射中心，来限定原发X线的投照范围。为了确保原发X线的边缘不超

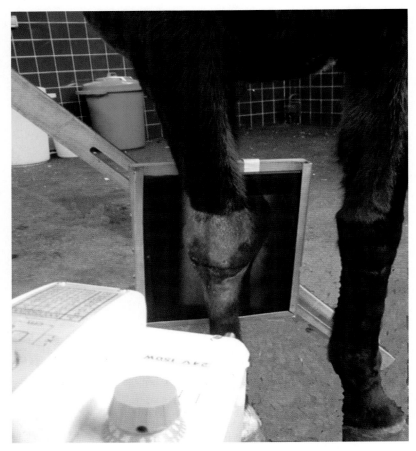

图 3-1　应使用可见光束限光栅校准原发 X 线，以限定投照范围，确保原发 X 线的全部边缘均在暗盒上

出暗盒的边缘，原发 X 线的全部边缘都应显示于即刻冲洗完毕的 X 线片上（图 3-2）。

限制 X 线曝光

　　在 X 线辐射范围内有潜在风险（控制区域），在此区域的所有人员必须穿适当防护服。这应该包括穿铅围裙和戴铅手套（图 3-3）。在控制区域的工作人员也必须携带辐射剂量检测器。要定期检查紧贴防护服的辐射剂量检测器，以保证不超过个人辐射剂量（图 3-4）。协助 X 线摄影的畜主，应该 16 岁以上、

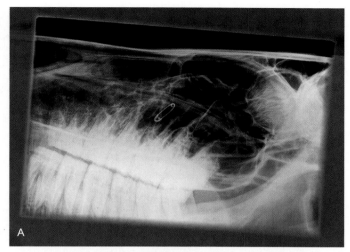

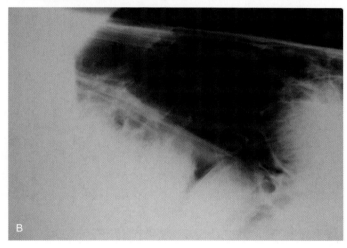

图 3-2 （A）校准适当的颅
骨 X 线片，原发 X 线的全部边
缘清晰。（B）校准不适当的颅
骨 X 线片，仅在其左侧缘可见
原发 X 线的边缘。原发 X 线远
超出其他三边缘

非孕妇，应该告知辐射风险。

　　在控制区域的人员与原发 X 线之间的距离尽可能远，这
是减少 X 线辐射量的最主要方法，可借助辅助设施做到，如
使用暗盒支架代替手持暗盒（图 3-5）。利用支撑物，如使用
木制支撑，以尽可能减少马的人工保定，或者是远离被摄影区
域。为正在使用机器的不同 X 线投照位特制一曝光参考表（见
附录 I），并可随马的不同大小而调整，这可减少由曝光不当
引起的重复拍摄次数。

图 3-3　适用于马 X 线摄影的防护服——铅围裙、铅手套和铅围脖。背景是可移动铅屏风

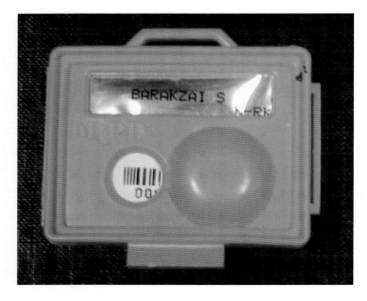

图 3-4　辐射剂量检测器

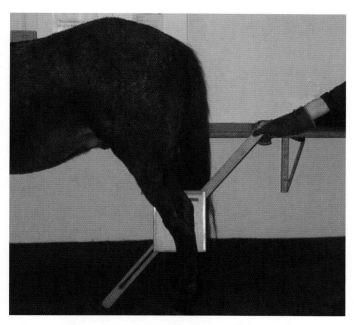

图 3-5　加大手持暗盒支架的长度，以增加人员与原发 X 线间的距离

患马准备

进行 X 线摄影检查时，患马的充分准备无论对获取高质量 X 线片，还是尽可能减少对人员的辐射，都是很重要的。

运动性模糊、患马摆位不妥、原发 X 线中心定位不当和曝光不足，是重复曝光的常见原因。增加人员和患马的额外照射量不是我们所希望的。运动性模糊常可借助镇静药物而减少至最低，如使用 α_2 受体激动剂（地托咪定、罗米非定、赛拉嗪）和布托菲诺。镇静剂的选择和剂量，取决于马匹个体脾气和拟做 X 线摄影的程序。这些在相关章节的特定投照位中会介绍。还应清除被毛污物和碎屑，因为它们会在 X 线片上产生伪影（图 3-6）。潮湿被毛结块同样也会产生伪影。因此，被毛应该保持干燥并且刷洗干净。蹄部 X 线摄影详见第5章。

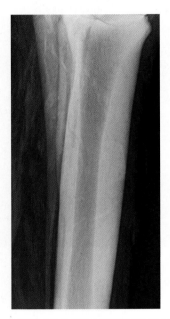

图 3-6　当被毛沾有泥巴并潮湿结块时，马跖骨
X 线片有多处致密影

第 4 章　X 线阅片与诊断

　　X 线阅片与临床检查都需要对信息进行核对和分析来形成结论或诊断。类似地，就像临床检查错过了关键地方（如探查患马体温），就会增加误诊或漏诊的可能。因此，X 线投照位数不够或 X 线片质量差，会造成错误的诊断。X 线阅片需综合视觉认知、充分掌握正确解剖位、疾病过程以及患马细节。有经验和成功的放射医师（或临床医师），可快速发现 X 线检查的"典型特征"和形成假设。但当遇到矛盾的信息时，也会灵活放弃假设。没有经验的放射医师可能过度诠释无害的发现，使 X 线表现与其诊断相符合，但结果却是相反的。

　　系统的阅片方法有助于减少错误。X 线片应以同样的方法进行阅片，马头部在阅片者的左侧，马内侧在阅片者的左侧。所有投照位的相同组织结构，应归一组。仔细阅片常常可发现最初阅片时没有发现的细微异常，也许是因为阅片者当时不在理想状态。X 线影像和骨骼标本是不可缺少的参考工具，特别是对那些不常见投照位和斜位投照位。

　　阅片技术中的常见错误：

　　■ 马肢体 X 线片所见的正常变异范围不熟悉，其受马的年龄、品种和用途的影响。

　　■ 发现一处明显异常时，会使阅片者停止寻找其他的、也许更重要的病灶。

■ 只看 X 线片中心处目标区域，不评价整张 X 线片。

■ 依据与之前看过的病例结果相似，做出诊断（认知模式）。虽然这种方法通常是可行的，但是遇到非典型病例时，这种缺乏系统 X 线阅片的方法，将导致误诊。

应该在暗房间的一系列观片灯上对 X 线片进行阅片。遮蔽 X 线片周围的观片屏可能有帮助。首先应该评价 X 线片的质量。如果 X 线片过度曝光，必要时可使用强光灯。没有什么补救措施可补救曝光不足的 X 线片，如果不能诊断就要重新拍摄。评价目标区域所获得的投照位数量是否足够。一般来说，组织结构越复杂，就越需要较多的投照位。要检查 X 片标识，必要时可在开始评价时更正。

一些细微病灶（如膝关节后前位上边界不清的内侧髁软骨下骨囊肿）在远距离阅片时更容易被发现，这是一个有用的初始方法。评估拍摄骨骼的 X 线片中软组织病变（肿胀、瘘管）时，通常需要使用强光灯。这也适用于早期的骨膜骨质增生。通常评价整张 X 线片和目标部位，后者应置于 X 片中心。临床上明显病变，如骨折线，有可能出现在 X 线片的边缘位置。

当出现一个明显异常时，必须鉴别伪像。如果在多个投照位都看到疑似病变，那么它更可能是"真"的。对侧肢体进行 X 线摄影，常用于鉴别动物个体的正常差异，这种差异常常呈现双侧性。无论何时发现是双侧性的病灶，都要进行对侧肢体的检查。

马病临床中，大多数 X 线片拍摄的目的是评价骨骼。因此，马医生尤其会关注骨损伤和马对疾病的反应。若骨骼发生硬化，则 X 线片上骨组织呈现更加致密，若发生溶解，则 X 线上可透区增加。这些变化往往细微或不易被察觉，因为骨骼矿物质密度至少增加 30%，X 线片上表现才明显。如果一个区域出现很多被认为正常的骨组织，这是新生骨形成的特征。边界不规则的、模糊或者分开的新生骨，提示是最近的病程或病程正在发生中。均质致密、光滑的新生骨，提示陈旧性病程，其不再与临床相关（例如，小掌骨或跖骨表现已愈合的骨膜增生反应或"夹板"样）。弥漫性骨质硬化可能是骨数量增加塑形，去适应病变区域应力的改变，这种现象在许多情况下是正常的，例如，掌骨背侧骨皮质比掌侧骨皮质厚。局灶性新生骨形成常发生于韧带（填补性骨赘）、肌腱和关节囊（骨赘）的骨骼附着点。填补性骨赘以及骨赘的形状和大小，均可提示潜在疾病的严重程度和慢性过程。

骨质流失这一特征是已获得的最大发现，是骨质被吸收还是骨质溶解造成的骨质流失呢？骨质被吸收通常是由作用于骨骼上的压力造成的，例如，蹄骨对蹄内壁角质瘤的反应。慢性骨质吸收过程会导致 X 线片出现不透明区域，提示周围有骨质硬化。骨质溶解通常边缘不规则，提示较严重的病情，如骨髓炎。

也必须承认 X 线摄影的局限性，它在软组织成像方面很差，如韧带、筋腱和关节软骨。因此，当我们依据发现关节周围的骨赘做出关节炎的诊断时，这仅是其很小的表现，而不是疼痛本身的来源。骨关节炎的基本特征是关节软骨丢失，X 线不能显示，并且大多数疼痛来源于软骨下骨，只有在疾病严重时才能显示其放射学改变（骨质硬化、软骨下囊肿样病灶）。

最后，应该考虑是否已获得足够的信息来做出正确的诊断和预后，是否需要额外影像技术（超声、电子计算机断层扫描或核磁共振成像、核闪烁扫描）或其他诊断检查。

第 2 部分
X 线摄影
操作技巧

第5章 蹄部X线摄影

简介

因为马前肢跛行大多是蹄部损伤所致，所以最频繁做X线摄影的是蹄部。蹄叉和附近蹄沟引起的蹄囊肿和不规则软组织致密影，需要X线束中心接近地面，才可获得高质量蹄部X线片。

常见的适应证

■ 临床检查（蹄部测试压疼、指／趾脉搏增加等）或镇痛诊断确定蹄部原因的跛行。

■ 蹄叶炎。

■ 穿刺创。

■ 马匹交易前检查。

蹄部标准X线摄影至少需要4个投照位，尽管这可因临床医师的喜好和病史的不同而有差异。

投照准备

为完全检查蹄部，需1个以上支撑物抬高和固定蹄部隧道暗盒（参见第2章）。由于X线机的构造，不能把X线束中心降低至离地面小于10cm的地方，这意味着要把蹄部抬高，才能允许X线束精确对准中心，做蹄部外内侧位投照。理想条件是使马的两前蹄平均负重，这就要同时抬高两前蹄。然而，通常仅抬高被检蹄部，可导致伸展肢体远侧关节。

蹄部需做清理和修剪，以消除因沙粒和空腔造成的伪像。做蹄部"直立位"（背近掌远斜位，DPr-PaDiO）投照时，用与蹄相似 X 线密度的物质（如塑料），填充蹄叉中心及附近的蹄沟，可消除这些蹄沟造成的气体阴影。虽然蹄铁在外内侧位投照时可以保留，但是在多数其他蹄部投照位时必须去除。

投照位

❶ 蹄部外内侧位（LM）

这个投照位应包括所有蹄骨、舟骨、冠蹄关节、部分冠骨和全部蹄软组织。这是背掌蹄平衡（图 5-1 至图 5-3）、蹄 - 系冠角（只有当马四肢平衡站立时）、发生于冠蹄关节和蹄骨的蹄叶炎时蹄骨转位的最佳投照位。这个投照位还可能看到一些舟骨病变。

摆位

蹄部抬高至一个支撑物上，以便 X 线片包括蹄底，暗盒置于蹄内侧。

X 线束中心与投照范围

X 线束从外侧投照，平行于蹄踵，中心线对准冠蹄关节。冠蹄关节位于蹄踵与背侧蹄壁之间中央、冠状带远侧 1cm 处。

这个投照位应包括完整蹄壁、蹄骨（P3）、冠骨（P2）、系骨远部（P1）、舟骨、冠蹄关节和系冠关节。

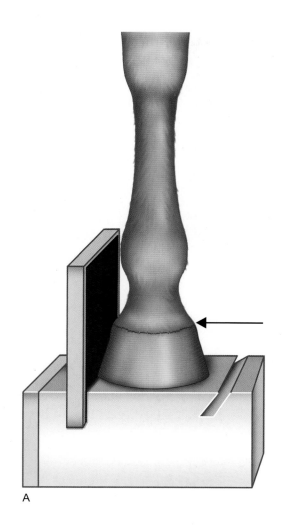

A

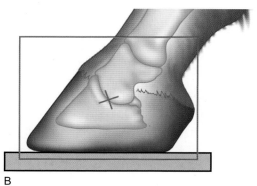

B

图 5-1（A 和 B） 蹄部外内侧位的蹄部与暗盒摆位、X 线中心线

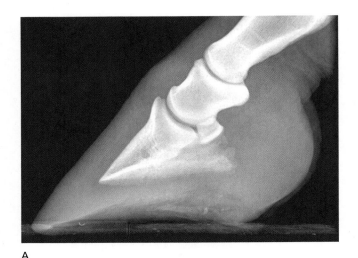

A

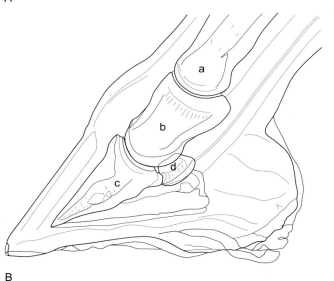

B

图 5-2（A 和 B） 蹄部
外内侧位 X 线片
　a. 系骨（P1）
　b. 冠骨（P2）
　c. 蹄骨（P3）
　d. 舟骨

小贴士

- 理想的外内侧位应是 P2 远端与 P3 近端在冠蹄关节间隙处没有重叠。
- 对蹄叶炎患马做 X 线摄影时，沿着蹄背侧壁、冠状带处近端，放置一条金属标识，以便测量蹄骨旋转角及移位距离。
- 蹄部抬高至一个支撑物上的另一方法是，马匹站立在一平台上，例如，安装木条板的地面，可使暗盒放置接近蹄底，并使蹄部在负重状态下伸展。这可获得真正的负重位。

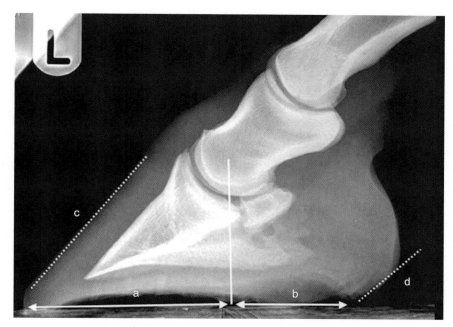

图 5-3　正常蹄部外内侧位 X 线片

　　展示蹄部平衡评估标准。从 P2 假设圆中心出发，穿过蹄踵，包括 P2 远端关节面，做一垂直线。这条垂直线应平分蹄负重面。许多马匹，如上面的例子，蹄尖区比蹄踵区长。蹄背侧壁应平行于蹄踵（虚线 c 和 d）。很少马会有这种"理想"结构。"长蹄尖短蹄踵"结构很常见，特别是在纯种马（TB）和 TB 混血马中。

❷ 蹄部背掌位（DPa）（负重）

　　这种投照位的用途，比本节介绍的其他投照位更具有局限性，但是能很好评估蹄部外内侧不平衡、一些蹄骨骨折和蹄骨副软骨的骨化（图 5-4、图 5-5）。

摆位

　　蹄部应置于一个平滑支撑物上，抬高支撑物至 X 线球管的水平高度，暗盒垂直置于蹄后面。

X 线束中心与投照范围

　　X 线束水平投照，中心对准蹄背侧壁、蹄踵与冠状带之

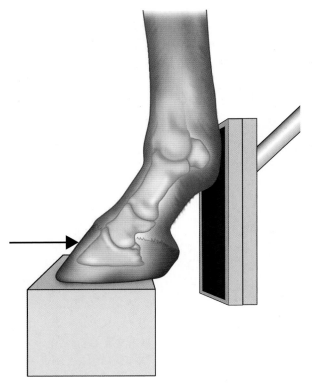

图 5-4 蹄部（负重）背掌位的蹄部与暗盒摆位、X
线中心线

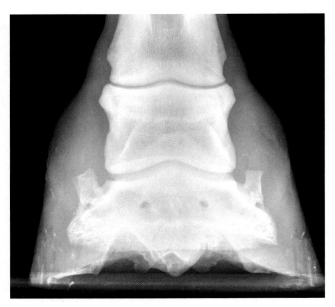

A

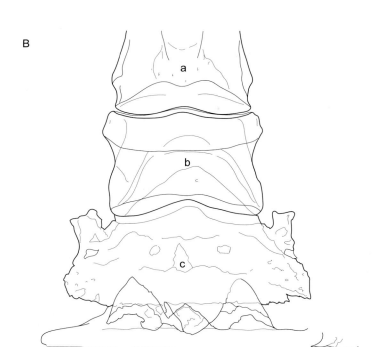

B

图 5-5（A 和 B） 正常蹄部负重背掌位 X 线片，舟骨被蹄关节遮盖

a. 系骨　b. 冠骨　c. 蹄骨

小贴士

● 该投照位应包括蹄壁、蹄骨、舟骨（重叠）、P2 和 P1 远端。

间中央。整个蹄部都应该包括在原发 X 线束的投照区域内（图 5-4）。

❸ 蹄部背近掌远斜位（DPr-PaDio）

在低曝光条件下，可投照包括掌侧突和蹄踵缘在内的蹄骨。更高的曝光和更严格的投照范围可用于评价舟骨。两种投照位，即"直立蹄骨"与"高冠"位投照可以实现（图 5-6、图 5-7）。

蹄部摆位

做"直立蹄骨"投照时，蹄部摆位成蹄尖朝下，蹄踵垂直于地面，蹄背侧壁与水平线大约呈45°。做"高冠"位投照，蹄部水平放置于隧道暗盒上。

蹄部 X 线束中心与投照范围

做"直立蹄骨"投照时，X 线束呈水平状。做"高冠"位投照时，X 线束向下指向负重蹄，与水平线呈 65°。这两种蹄骨投照方法的 X 线束中心对准冠状带远侧的中线。

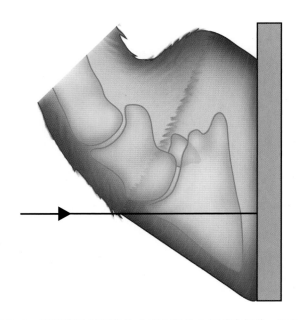

图 5-6　蹄骨背近掌远斜位（直立蹄骨）与暗盒摆位、X 线中心线

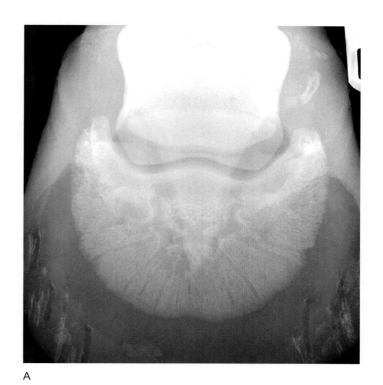

A

图 5-7（A 和 B） 蹄部
背近掌远斜位 X 线片（直
立蹄骨）

　a. 冠骨（P2）

　b. 舟骨

　c. 蹄骨（P3）

B

舟骨摆位

对于舟骨的投照，蹄部应作"直立蹄骨"摆位，但蹄背侧壁与地面垂直或呈 85°。蹄壁直立摆位，可改善舟骨近侧缘的清晰度，而蹄壁向前成角，可更好地显示舟骨远侧缘（图 5-8、图 5-9）。

X 线束中心与投照范围

X 线束中心对准冠状带近侧大约 2cm 的中线上。为获得最佳图片质量，X 线束应该紧紧对准舟骨，这意味着舟骨缘就在蹄内侧和外侧，并向远侧和近侧伸展 3cm。

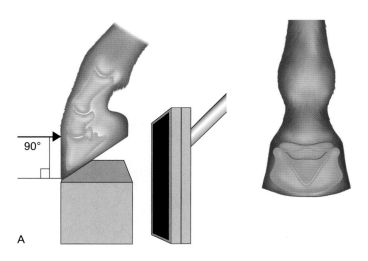

图 5.8（A）　舟骨背近掌远斜位（DPr–PaDio）的蹄部支撑物上摆位，蹄背侧壁与地面呈 90°

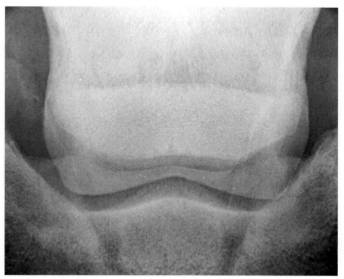

A

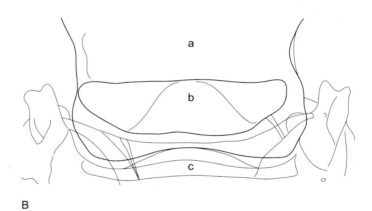

B

图 5-9（A、B、C） 正
常舟骨背近掌远斜位（DPr–
PaDio）X 线片，蹄背侧壁
与垂直线呈85°（A、B）和
90°（C）

　　a. 冠骨（P2）

　　b. 舟骨

　　c. 蹄骨（P3）

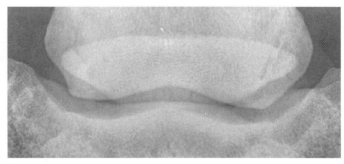

C

❹ 舟骨掌近掌远斜位（"屈肌位"）

这个投照位可显示舟骨的屈面、掌侧皮质和髓质。在这个投照位，可以看到在外内侧位或近掌远斜位不能发现的细微变化。因此，尽管这个投照位很难完成，但仍是彻底检查舟骨所需要的（图 5-10、图 5-11）。

摆位

被检蹄部应比对侧肢更靠尾部（图 5-10A），置于 X 线可穿透的隧道暗盒中心（图 2-1）。

X 线束中心与投照范围

X 线球管就在蹄后方，X 线束中心对准蹄踵间大约呈 45°，但在 X 线片上不与球节掌侧重叠。瞄准时尽可能靠近舟骨。

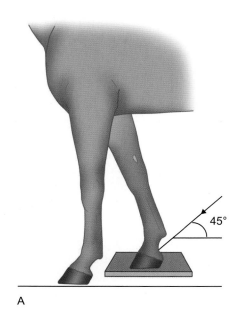

A

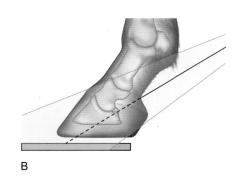

B

图 5.10（A 和 B） 舟骨"屈肌切线"位的马匹与暗盒（暗盒隧道保护）摆位、X 线中心线

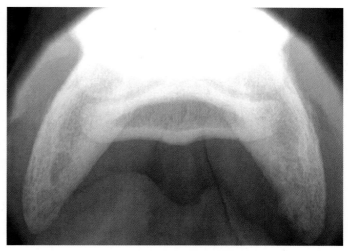

A

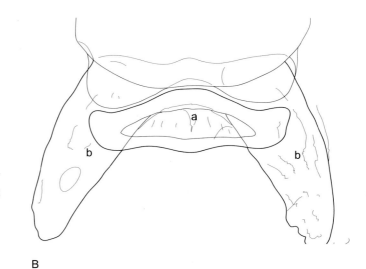

图 5-11（A 和 B） 舟
骨和 P3 掌侧突的掌近掌远
斜位（"屈肌位"）X 线片
　a. 舟骨
　b. 蹄骨（P3）掌侧突

B

小贴士

- 此投照位蹄部准备不足易产生伪影，如酷似假骨折的线性气体影。
- 使用此投照位对小型马和驹进行检查很困难，因为部分 X 线机在马腹下的操作困难。
- 低踵蹄结构需略成水平状的 X 线束投照角度，以避免掌侧球节对待检区域的遮盖。

⑤ 蹄部背 45°外 – 掌内斜位（D45°L-PaMO）和蹄部背
45°内 – 掌外斜位（D45°M-PaLO）

这些摆位可评估蹄骨外侧掌突（D45°L-PaMO）和内侧掌
突（D45°M-PaLO）（图 5-12、图 5-13）。

摆位

蹄部摆位如同背近掌远斜位（DPr-PaDio）。蹄部抬高至
支撑物上，蹄尖向下，蹄踵垂直于地面。

X 线束中心与投照范围

做蹄骨外侧掌突投照，X 线束中心对准蹄外侧壁，即蹄背
侧壁和外侧壁中间（D45°L-PaMO）。暗盒放置垂直于 X 线
束。检查蹄骨内侧掌突，X 线束以背内侧方向投照（D45°M-
PaLO）。

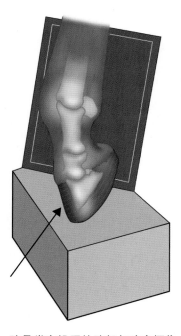

图 5-12 蹄骨掌突投照的蹄部与暗盒摆位、X 线中心线

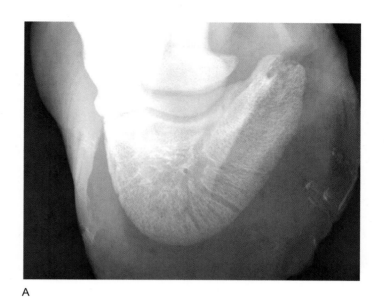

A

B

图 5-13（A 和 B）
检查蹄骨的蹄部背 45°-
外掌内斜位（D45°L-
PaMO）X 线片
　a. 冠骨（P2）
　b. 舟骨
　c. 蹄骨（P3）

a

b

c

● 别忘了标识投照位，因为蹄骨内侧掌突与外侧掌突很难鉴别。
● 病例数量有限，此投照位可用于检测舟骨外侧与内侧缘病灶。

第6章 系冠部 X 线摄影

简介

系冠部包括系骨、冠骨和系冠关节。这个区域 X 线摄影的主要适应证包括：

- 通过临床检查或镇痛检查发现的系冠部跛行。
- 穿刺创。

系冠部标准 X 线摄影有 4 个投照位：外内侧位、背掌位和 2 个 45°斜位。因系冠关节在解剖学上相对简单，故很少需要特殊投照位。不过，一个屈曲斜位可提供背侧关节周围骨结构的额外信息。每个投照位应包括系冠关节、冠蹄关节和系骨近端半部。前肢这个部位投照位的描述同样适用于后肢。

投照准备

任何污物都应该被清洗和清除。有大量被毛的马匹需要更加彻底清洗或剪毛。马匹应该站在平整的地方，两前肢均匀负重，并不需要蹄部支撑物，因为所有 X 线球管可以对准系冠部，除非是检查小马驹。其他投照位，常规镇静患马可减少因运动性伪影所致的重复曝光需求。

标准 X 线投照位

❶ 系冠部外内侧位

摆位

暗盒紧靠关节内侧，立于地上或一个小支撑物上（需要时）（图 6-1、图 6-2）。

X 线束中心与投照范围

X 线水平投照，中心对准蹄冠与球节之间中央的系冠部外侧，平行于蹄踵。

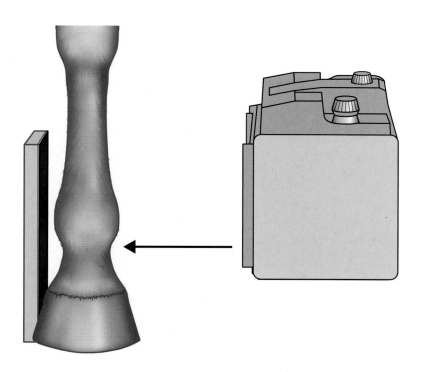

图 6-1　系冠部外内侧位与暗盒摆位、X 线中心线

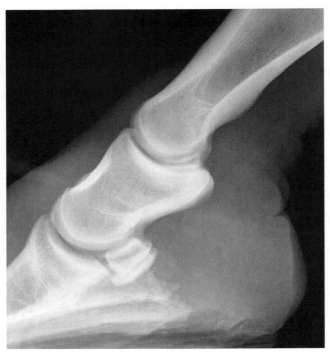

A

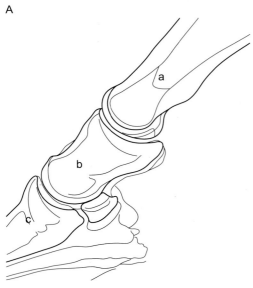

B

图 6-2（A 和 B） 正常
系冠部外内侧位 X 线片
　a.系骨
　b.冠骨
　c.蹄骨

小贴士

● 系冠关节间隙应清晰显示，相对关节面应尽量减少重叠。

❷ 系冠部背近掌远斜位（DPr–PaDio）

这个斜位优于 X 线水平投照的背掌位（DPa），可以减少失真图像（图 6-3、图 6-4）。

摆位

暗盒置于肢体掌侧，立于地上或一个小支撑物上，并且与倾斜系冠部平行成角。

X 线束中心与投照范围

X 线束中心对准冠关节和球节之间中央的系冠部背侧，从近侧向与暗盒垂直成角。具体的角度取决于系冠部站姿和形态结构。

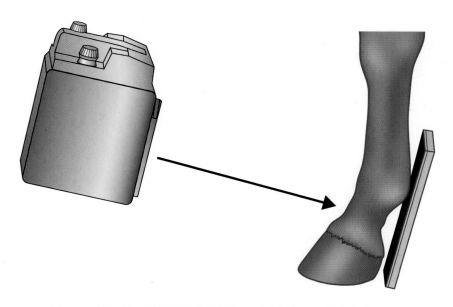

图 6-3　系冠部背近掌远斜位的肢体与暗盒摆位、X 线中心线

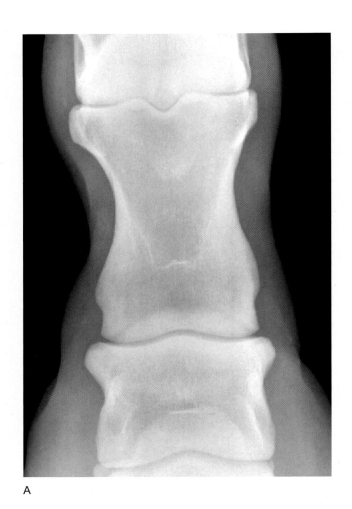

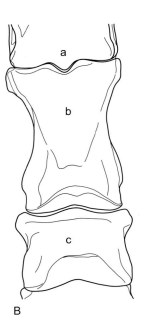

A B

图6-4（A和B） 正常成年马系冠部背近掌远斜位X线片
a.第三掌骨 b.系骨 c.冠骨

小贴士

● 如果马站立不直，负重不均匀，那么一侧的关节间隙显得狭窄。

❸ 系冠部背外掌内斜位（D45°L-PaMO）和背内掌外斜位（D45°M-PaLO）

这两个投照位实质上不能彼此区别，因此，必须在胶片上做相应标识。这两个投照位可重点显示：背内侧和背外侧韧带附着点、冠骨掌内侧和掌外侧。一些小的骨碎片只有在斜位才明显（图6-5、图6-6）。

摆位

正如背近掌远斜位（DPr-PaDio）那样摆位，但暗盒置于系冠部的掌内侧或掌外侧、垂直于 X 线束。

X 线束中心与投照范围

X 线水平投照，如做背外斜位投照，则与背侧和外侧之间中央呈一定角度（45°）；如做背内斜位投照，则与背侧和内侧之间中央呈一定角度。X 线束中心对准于系冠关节中部。

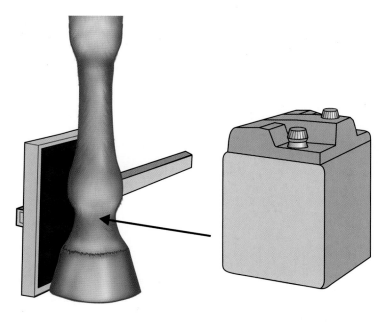

图 6-5 系冠部背外掌内斜位或背内掌外斜位的肢体与暗盒摆位、X 线中心线

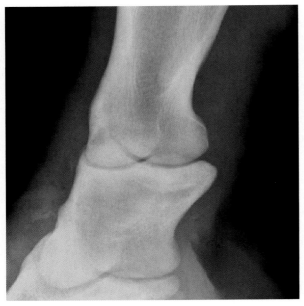

A

图 6-6（A 和 B） 系冠部
背外掌内斜位 X 线片，这个投
照位通常无法与背内掌外斜位
区别

　　a. 系骨（P1）
　　b. 冠骨（P2）
　　c. 蹄骨（P3）

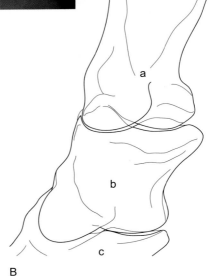

B

第**7**章　球节 X 线摄影

简介

球节包括系骨、远端掌骨或跖骨和成对的近端籽骨。球节 X 线摄影的适应证包括：

- 通过临床检查或诊断镇痛所确定的球节跛行。
- 这个区域的贯穿创和其他创伤性损伤。
- 马匹交易前检查（常规 X 线检查常包括前肢球节）。

球节 X 线检查的标准包括至少 4 个投照位：内外侧位、背掌／背跖位和 2 个 45°斜位。此外，许多临床医师还将屈曲外内侧位作为标准投照位。每个投照位应包括远端 1/3 掌骨、近端 1/2 系骨、近端籽骨。当需要寻找证实特定病变时，或需要更好地评估常规投照位发现的异常时，常常需要做附加斜位投照。个别临床医师的投照位随其门诊量而异。竞技马临床的常规投照位，并不常用于运动马的临床。具体特殊斜位投照及其投照区域见表 7-1。

表 7-1　更好显示球节特定部位的附加斜投照位

X 线投照位	投照区域
背 45°近 45°外掌远内斜位（D45°Pr45°L-PaDiMO）	第三掌骨（内侧与外侧）骨髁
第三掌骨的背近掌远斜位和背远掌近斜位见图 9-13 至图 9-18	髁关节面和掌侧掌骨。屈曲球节使 X 线束远侧逐渐成角，投射更多的远端掌骨关节面的掌侧区域。适用于髁骨折病例

X 线投照位	投照区域
背近背远斜位	第三掌骨骨髁和矢状脊的背侧
背 30°近 70°外掌远内斜位（D30°Pr70°L-PaDiMO）或背 30°近 70°内掌远外斜位（D30°Pr70°M-PaDiLO）	系骨的外侧（D30°Pr70°L-PaDiMO）和内侧（D30°Pr70°M-PaDiLO）掌突
掌近掌远斜位（PaPr-PaDiO）	近籽骨的轴面和远轴隐窝

投照准备

覆盖于球节的任何污物，都应清洗掉。有大量被毛的马匹，需要更加全面地刷毛、清洗或者修剪。马匹应该站在水平地面上，前后肢均匀负重。通常不需要蹄部支撑物，因为所有 X 线机投照中心均能够定位到球节。虽然小的暗盒可用于大动物，但是小支撑物可用于提高暗盒至待检区域中央，并保持暗盒稳定。至于其他投照位，对患马进行常规镇静，可减少由于运动性伪影而造成的重复曝光。

标准 X 线投照位

❶ 球节外内侧位（LM）

摆位

暗盒置于关节的内侧，立于地上或小支撑物上（图 7-1、图 7-2）。

X 线束中心与投照范围

X 线束中心对准远端掌骨的外侧髁，水平投照，并平行于蹄踵。

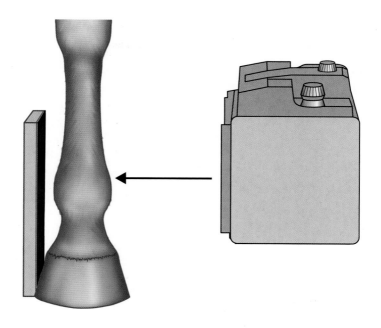

图 7-1　球节外内侧位的肢体与暗盒摆位、X 线中心线

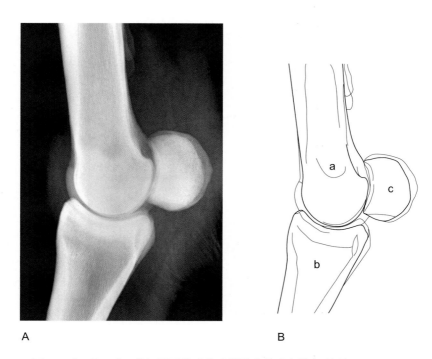

A

B

图 7-2（A 和 B）　成年马正常球节（前肢）外内侧位 X 线片

a. 掌骨　b. 系骨（P1）　c. 内侧和外侧重叠的籽骨

❷ 球节背10°近掌远斜位（DP10°-PaDO）

摆位

暗盒置于肢体的掌侧，立于地上或小支撑物上，并平行于系冠中轴（图7-3、图7-4）。

X线束中心与投照范围

X线束中心对准关节间隙的背侧，并且从近端呈大约10°，对准球节。

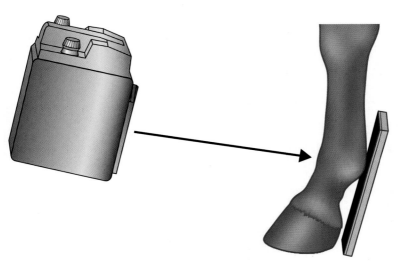

图7-3　球节背掌位、X线近端成角投照的肢体与暗盒摆位、X线中心线

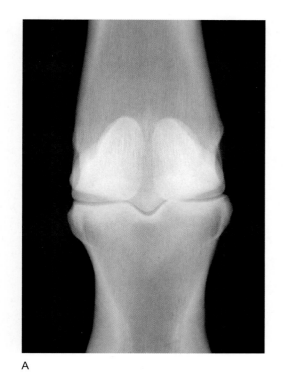

A

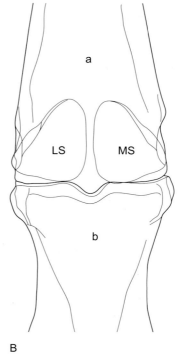

B

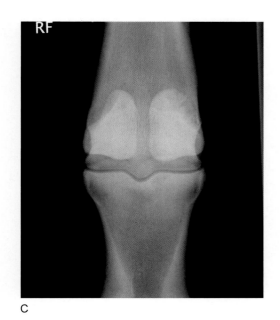

C

图 7-4（A 和 B）　成年马正常球节的背 10° 近掌远斜位 X 线片。（C）球节背 15° 近掌远斜位片，显示从近端增加斜度投照的籽骨。这个球节是不正常的，内侧籽骨显示其远轴面缺损

a. 第三掌骨　　b. 系骨

LS. 外侧籽骨　　MS. 内侧籽骨

❸ 球节背 45°外掌内斜位（D45°L-PaMO）和背 45°内掌外斜位（D45°M-PaLO）

这两个投照位分别重点显示外侧籽骨与关节背内侧（D45°L-PaMO）、内侧籽骨与关节背外侧（D45°M-PaLO）。

摆位

正如背掌位投照，但暗盒置于关节的掌内侧或掌外侧，并且与 X 线束垂直（图 7-5、图 7-6）。

X 线束中心与投照范围

X 线水平投照，中心对准球节。做背外斜位投照时，X 线束与背侧和外侧之间中央成角；做背内斜位投照时，X 线束与背侧和内侧之间中央成角。

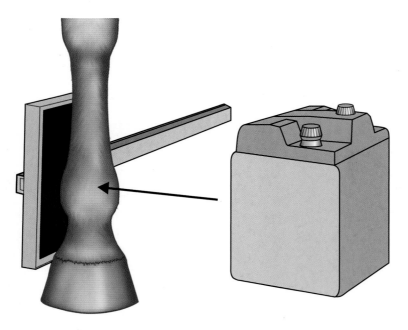

图 7-5　球节背 45° 外掌内斜位或背 45° 内掌外斜位的肢体与暗盒摆位、X 线中心线

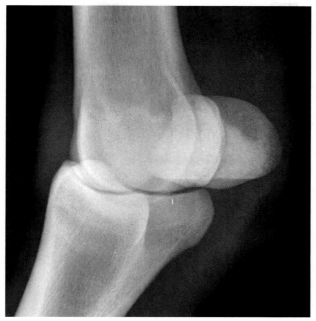

A

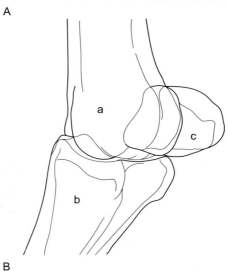

B

图7-6（A和B）成
年马正常球节的背内掌外
斜位X线片
　a.掌骨　b.系骨（P1）
c.内侧籽骨

附加 X 线投照位

❹ 球节屈曲外内侧位

屈曲位可使籽骨远离第三掌（跖）骨，可更好地评价籽骨关节表面和远端矢状脊（图 7-7、图 7-8）。

摆位

提起肢体蹄尖远离地面，屈曲球关节。

X 线束中心与投照范围

如同外负重内侧位投照。

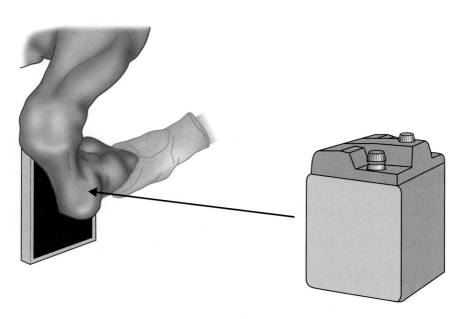

图 7-7　球节屈曲外内侧位的肢体与暗盒摆位、X 线中心线

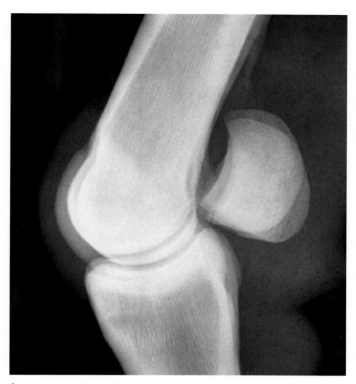

A

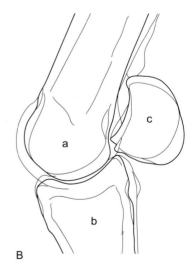

图 7-8（A 和 B） 正常球节屈
曲外内侧位 X 线片
　　a. 掌骨　b. 系骨（P1）
c. 内外侧籽骨重叠

B

小贴士

● 需要仔细校准 X 线束中心，以免照到助手的手。

❺ 球节外 45°近内远斜位（L45°Pr-MDiO）和内 45°近外远斜位（M45°Pr-LDiO）

这两个投照位可以更好地评估内侧籽骨（L45°Pr-MDiO）或外侧籽骨（M45°Pr-LDiO）的远轴面，这是悬韧带分支附着韧带病的好发部位。

患马摆位

球节外 45°近内远斜位（L45°Pr-MDiO），马的摆位如同常规外内侧位。球节内 45°近外远斜位（M45°Pr-LDiO），X 线机置于马的对侧，被检肢应略向前，避免肢体的重叠（图7-9、图7-10）。

X 线束中心与投照范围

以上两个投照位，被检籽骨应更贴近暗盒。X 线束中心对准球节，X 线束向下与水平面呈 45°投照。暗盒被垂直置于关节的对侧。X 线投照范围为关节。

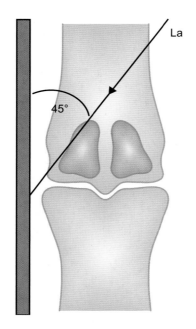

图 7-9　球节外 45°近内远斜位和内 45°近外远斜位的肢体与暗盒摆位、X 线中心线

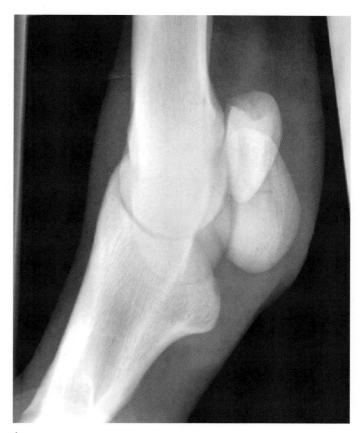

A

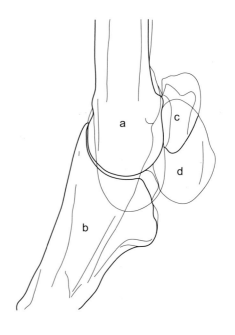

图 7-10（A 和 B） 成年
马正常球节的外 45° 近内远
斜位 X 线片
a. 掌骨　b. 系骨（P1）
c. 内侧籽骨　d. 外侧籽骨

B

第8章 掌/跖部X线摄影

简介

掌/跖部X线摄影的适应证包括：

- 经外周神经麻醉定位的跛行。
- 掌/跖骨（管骨）骨折或疑有骨折。
- 掌/跖骨骨膜"夹板状增生"。
- 悬韧带起点的韧带炎（高悬病）。
- 掌/骨部的其他创伤性疾病。

本章自始至终描述前肢（掌骨、掌部）X线摄影供参考，相同的投照位也可用于后肢（跖骨、跖部）。负重外内侧位、背掌位、背外掌内（DLPMO）斜位和背内掌外（DMPLO）斜位在大多数情况下可提供足够的诊断信息。

如果怀疑掌/跖骨骨折，那么掌/跖骨的全部长度都要在X线束范围内。掌/跖骨长，骨骼的最近端和最远端可能会有因X线中心偏差引起的投照倾斜。如果怀疑这两个部位有病变，可按需要做摆位更近端或更远端的附加X线摄影。

患马准备

做掌/跖骨区域的X线摄影，虽无需特别保定患马，但是对大多数马来说，如果给予镇静，则可更轻松地拍摄X线片。易怒的马匹可能对人员和设备造成严重的伤害和破坏，尤其是

- 许多马的后肢都有轻度"外八字"表现，应评估每匹马两后肢向外旋转的程度，所有站立姿势的 X 线投照位都应做相应的对照。

在做后肢 X 线摄影时。确保马站在平地上并且负重，掌骨或距骨尽可能垂直，无外展或内收。

X 线投照位

❶ 外内侧位

这个投照位重点显示第三掌骨背侧骨皮质、赘骨（第二和第四掌/跖骨）掌侧。第二和第四掌/跖骨在此外内侧位中重叠（图 8-1、图 8-2）。

摆位

暗盒置于暗盒支架中、掌/跖骨的内侧，并与掌/跖骨的背掌轴成一条线。做跖骨 X 线摄影时，从后肢背侧方向持暗盒支架更安全，而不是直接站在马的后面。

X 线束中心与投照范围

X 线束水平投照，中心对准掌/跖骨中点或待检区域（创伤、骨质增生区域等）。X 线投照范围应该包括待检区域。当怀疑掌/跖骨骨折时，应包括第三掌/跖骨的全部。

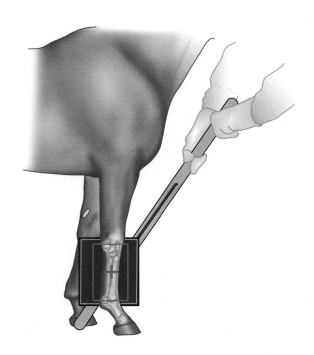

A

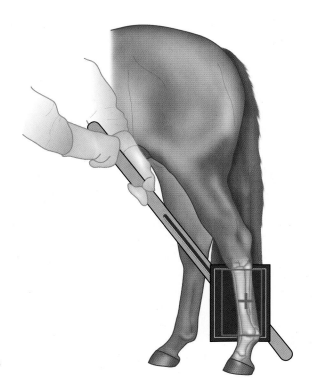

B

图 8-1（A 和 B） 掌部（A）或跖部（B）外内侧位的患马与暗盒摆位、X 线中心点（红十字）和原发 X 线投照范围（绿色框）

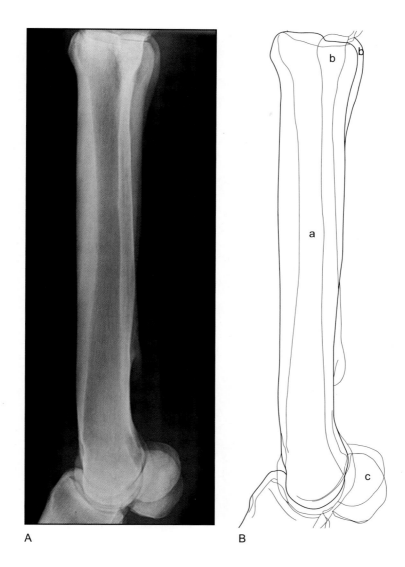

A   B

图 8-2（A 和 B）　掌部外内侧位 X 线片

a.第三掌骨　b.第二和第四掌骨　c.近籽骨

小贴士

- 需做多个不同角度的轻微斜位拍摄，确定第三掌骨背侧骨皮质的小的、非移位的应力性骨折。
- 第二或第四掌骨的最佳摄影需要更低的曝光量。

❷ 背掌位

这个投照位重点显示第三掌/跖骨的内侧与外侧、第二和第四掌骨的内侧与外侧。背掌位也适用于悬韧带起始区域摄影（图8-3、图8-4）。

摆位

暗盒置于暗盒支架内、垂直于掌/跖骨的掌侧。

X线束中心与投照范围

X线束水平投照，中心对准掌/跖骨中点或区域（创伤、骨质增生区域等）。X线投照范围应该包括待检区域。当怀疑掌/跖骨骨折时，应包括第三掌/跖骨的全部。

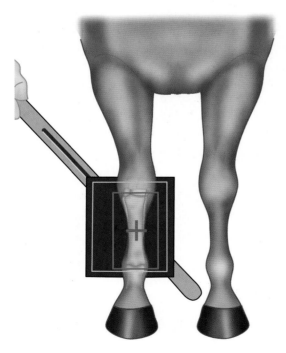

图8-3　掌部背掌位的患马与暗盒摆位、X线中心点（红十字）

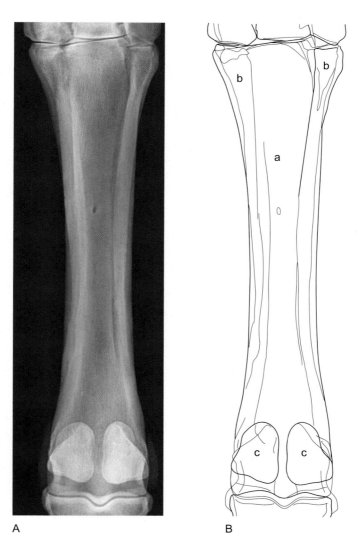

A   B

图 8-4（A 和 B） 掌部背掌位 X 线片
a. 第三掌骨　b. 第二和第四掌骨　c. 近籽骨

❸ 背外掌内斜位（DL-PaMO）和背内掌外斜位（DM-PaLO）

背外掌内斜位（DL-PaMO）重点突出第三和第四掌骨的背内侧和掌外侧。背内掌外斜位（DM-PaLO）重点突出第二和第三掌骨的背外侧和掌内侧（图 8-5、图 8-6）。

摆位

暗盒置于暗盒支架中，垂直置于掌骨的掌内侧（做 DL-PaMO 投照时）或掌外侧（做 DM-PaLO 投照时），并垂直于 X 线束方向。

X 线束中心与投照范围

X 线束水平投照，中心对准掌/跖骨中点或目标区域（创伤、骨质增生区域等）。X 线投照范围应该包括目标区域。当怀疑掌/跖骨骨折时，应包括第三掌/跖骨的全部。

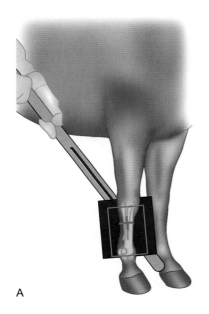 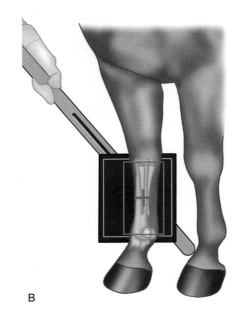

A   B

图 8-5（A 和 B） 掌部背外掌内斜位（A）或背内掌外斜位（B）的患马与暗盒摆位、X 线中心点（红十字）

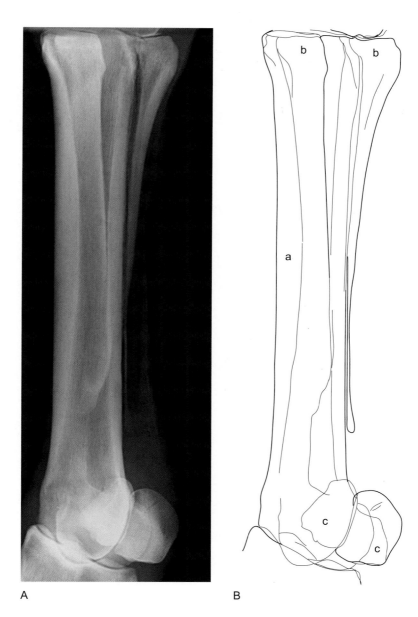

A   B

图 8-6（A 和 B） 掌部背外掌内斜位 X 线片
a. 第三掌骨　b. 第二和第四掌骨　c. 近籽骨

小贴士

- 与第三掌 / 跖骨相比，第二或第四掌 / 跖骨的最佳摄影需要更低的曝光量。

❹ 远端掌部背 10° 近掌远斜位

这个投照位对远端掌骨髁不完全骨折的鉴别特别有用。X 线束呈 10° 投照比水平投照标准背掌位，更接近近籽骨。因此，此投照位可提供一个没有重叠的、更加清晰的第三掌骨远端髁图像（图 8-7、图 8-8）。

摆位

这个摆位可用于辐重马，但正如蹄背侧壁垂直向下做"直立蹄位"投照那样，经脚定位时屈曲球节通常更容易投照（见第 5 章）。这可使籽骨移向近端，较大部分掌／跖骨远端避免重叠。暗盒垂直于 X 线束，并尽可能接近球节的掌侧。

X 线束中心与投照范围

X 线束水平投照，中心对准球节关节间隙处。X 线投照范围应包括掌／跖骨的远端 1/3。

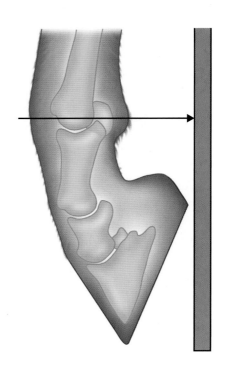

图 8-7 远端掌部背 10°
近掌远斜位的患马与暗盒摆
位、X 线中心线

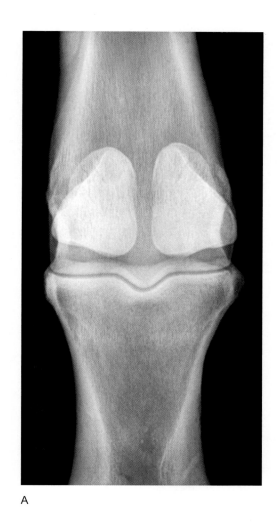

A

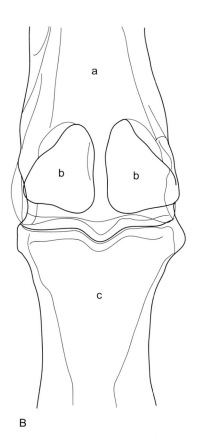

图 8-8（A 和 B） 远端掌部背 10° 近
掌远斜位 X 线片
　a.第三掌骨　b.近籽骨　c.系骨（P1）

B

❺ 远端掌部背远掌近位

这个投照位用于重点突出远端掌骨髁的掌侧，并且特别用于判断第三掌骨髁骨折患马是否存在掌侧骨碎片（图 8-9、图 8-10）。

摆位

马蹄应置于支撑物上，并轻微向前伸展。暗盒平行于掌／跖骨，置于球节的掌侧。

X 线束中心与投照范围

X 线束与水平线呈 15°做远近位投照，中心对准球节关节间隙处。X 线投照范围包括掌／跖骨远端 1/3 和球节。

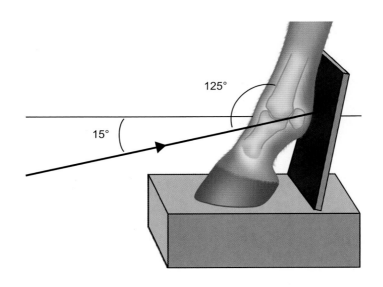

图 8-9　远端掌部背远掌近位的患马、暗盒摆位（蹄置于支撑物上）和 X 线中心线

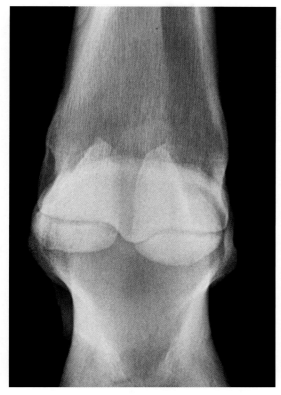

A

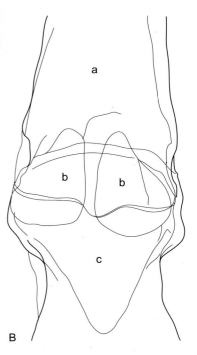

B

图8-10（A与B）　远端
掌部的背远掌近位X线片
　a.第三掌骨　b.近籽骨
c.系骨（P1）

第9章 腕部X线摄影

简介

　　腕部是青年竞技马发生跛行的常见位置，但是在老年消遣用马矫形病理学上很少受到关注。腕部常见疾病有骨关节炎和骨折。病理学和影像学变化最常见于桡腕骨－中间腕骨关节的背内侧。

　　X线摄影的适应证包括：

- 经临床检查（肿胀、疼痛、活动范围减小）或局部封闭（腕骨间关节和／或桡腕关节封闭阳性，或桡神经／尺神经封闭阳性），而确定的腕部跛行。

- 腕部创伤和涉及腕部的肢体成角畸形。

　　腕部标准X线摄影探查至少由4个投照位组成：外内侧位（LM）、背掌位（DPa）、背外掌内斜位（DL-PaMO）和背内掌外斜位（DM-PaLO）。常见的附加投照位是：屈曲外内侧位，桡骨远端背侧、近列与远列腕骨各自的2个或3个"切线"位。

准备

　　站立标准投照位时，马匹两前肢均匀负重，掌／跖骨垂直地面。屈曲投照位需额外辅助，抬举肢体。所有助手必须穿防护服，小心X线束投照范围。

X 线投照位

❶ 腕部外内侧位

摆位

暗盒垂直置于紧靠腕部内侧，垂直于 X 线束（图 9-1、图 9-2）。

X 线束中心与投照范围

X 线水平投照，平行于蹄踵以免倾斜。X 线束中心对准中央腕关节间隙，即副腕骨远侧缘。投照范围应包括桡骨远端和掌骨近端。

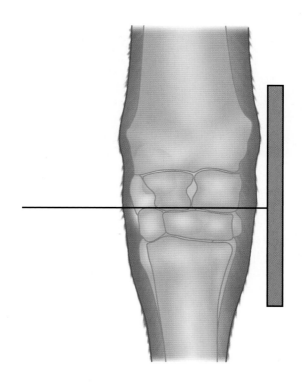

图 9-1 腕部外内侧位的肢体与暗盒摆
位，暗盒置于关节的内侧

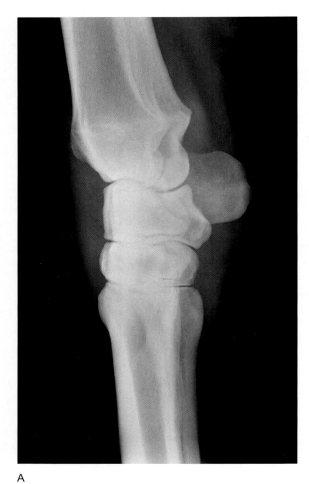

A

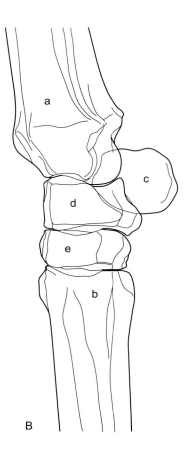

B

图 9-2（A 和 B） 正常成年马腕部的外内侧位 X 线片
　a. 桡骨　b. 掌骨　c. 副腕骨　d. 桡腕骨、中间腕骨和尺腕骨
e. 第二、第三和第四腕骨

小贴士

● 腕关节面起伏，所以相对关节面部分有重叠是不可避免的。

❷ 腕部背掌位（DPa）

摆位

马匹摆位如同外内侧位（图 9-3、图 9-4）。

X 线束中心与投照范围

X 线束中心对准腕骨间关节间隙的背侧。X 线水平投照，暗盒垂直于 X 线束、置于腕部掌侧。

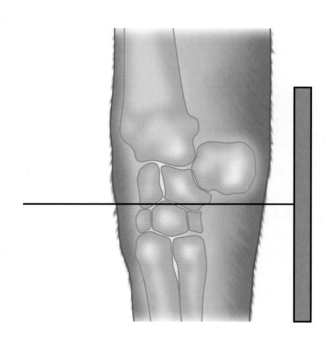

图 9-3　腕部背掌位摆位
使用暗盒支架，暗盒紧靠于腕关节的掌侧。

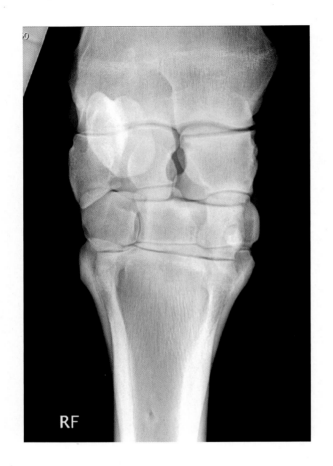
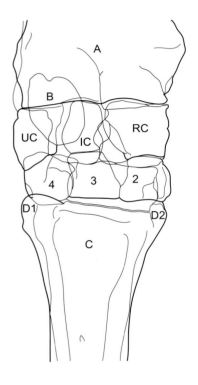

图 9-4　正常成年马腕部的背掌位 X 线片
A. 桡骨　B. 副腕骨　C. 第三掌骨　D1. 第四掌骨　D2. 第二掌骨
RC. 桡腕骨　UC. 尺腕骨　IC. 中间腕骨　2. 第二腕骨　3. 第三腕骨　4. 第四腕骨

> **小贴士**
>
> ● 对位良好的背掌位应包括中间腕骨与桡腕骨之间的、X 线可穿透的关节
>   间隙。

❸ 腕部背外掌内斜位（DLPaMO）

因为腕骨关节炎和骨折的好发部位位于腕关节的背内侧，这个斜位比外内侧位、背掌位或背内掌外斜位可以更好地显露异常情况。特别是，重点突出桡腕骨和第三腕骨的背内侧（图9-5、图9-6）。

摆位

马匹均匀负重，X 线与背侧和外侧之间中点呈 45°，中心对准腕间关节间隙。如要显示关节的背内侧区域病变的最佳投照位，可采用背侧 75°。在这两种情况下，暗盒应与 X 线束的方向垂直。

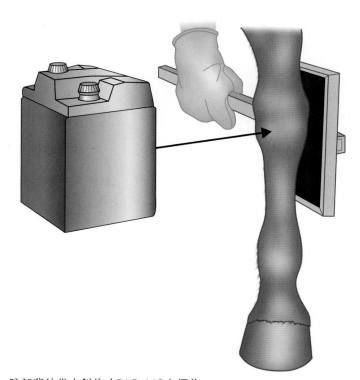

图 9-5　腕部背外掌内斜位（DLPaMO）摆位

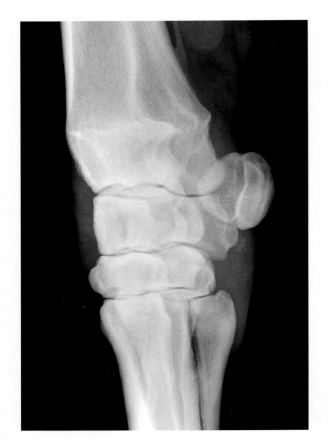
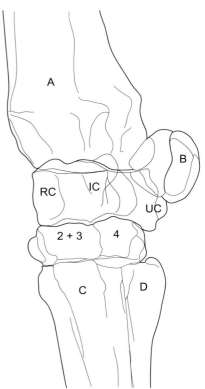

图 9-6　腕部背外掌内斜位所需的摆位和 X 线束角度
A. 桡骨　B. 副腕骨　C. 第三掌骨　D. 第四掌骨　RC. 桡腕骨
IC. 中间腕骨　UC. 尺腕骨　2. 第二腕骨　3. 第三腕骨　4. 第四腕骨

❹ 腕部背内掌外斜侧位（DMPaLO）

摆位

马匹均匀负重，X 线与背侧和内侧之间中点呈 45°，中心对准中间腕骨关节。暗盒应垂直于 X 线束的方向（图 9-7、图 9-8）。

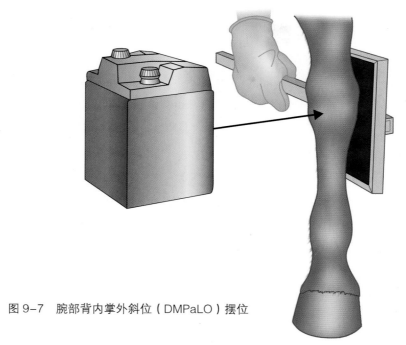

图 9-7　腕部背内掌外斜位（DMPaLO）摆位

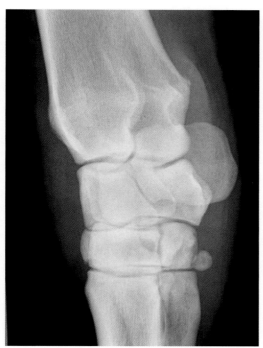

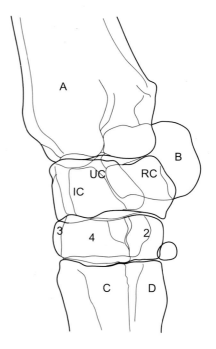

图 9-8　腕部背内掌外斜位 X 线片

A. 桡骨　B. 副腕骨　C. 第三掌骨　D. 第二掌骨　RC. 桡腕骨　IC. 中间腕骨　UC. 尺腕骨

2. 第二腕骨　3. 第三腕骨　4. 第四腕骨

注意：第二腕骨掌侧周围的第一腕骨不经常出现。

- 为了方便和提高操作人员的安全性，相似的结果可通过掌外背内斜位获得。

⑤ 腕部屈曲外内侧位

这个投照位改善了桡腕骨和中间腕骨关节周围区域的可视性。当关节屈曲时，移位的背侧板状骨碎片减少，其手术修复后的预后比那些仍然移位的更好（图9-9、图9-10）。

摆位

被检肢体以腕部最大屈曲度的 2/3 抬高，X 线束中心对准负重部分的外内侧位。

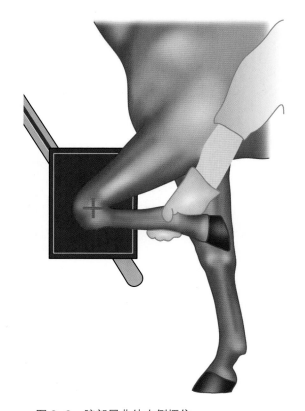

图 9-9　腕部屈曲外内侧摆位

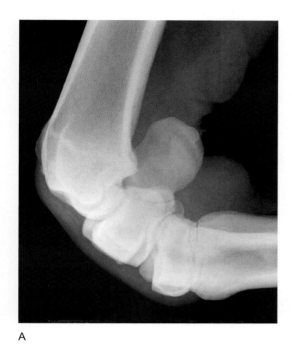

A

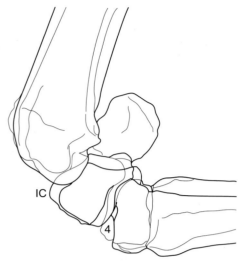

B

图 9-10(A 和 B)　腕部正常屈曲外内侧位 X 线片
IC. 中间腕骨　4. 第四腕骨

> **小贴士**
>
> ● 避免肢体远端向内或向外旋转，这将导致倾斜。这个投照位需要助手帮助，必须遵守辐射防护要求。

❻ 桡骨远端、近列腕骨和远列腕骨的背近背远斜位

这个投照位对完全界定近列或远列腕骨、桡骨远端背侧的骨折是必需的。检查桡腕骨和第三腕骨的骨髓骨质硬化（应力重塑征象），通常只能采用这些投照位（图 9-11 至图 9-14）。

摆位

腕部屈曲，暗盒就置于腕部下、平行于地面。X 线束从背

侧投照，中心对准于腕骨或远端桡骨的背侧中心（图 9-11）。增加屈曲度并抬高腕部至对侧肢的前侧，可重点突出近列和远列腕骨。

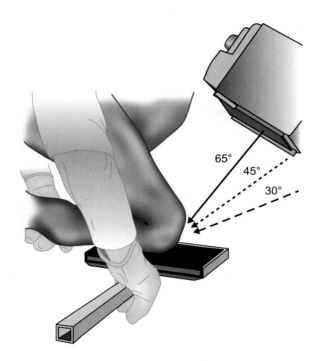

图 9-11　腕部 3 个背侧切线位的肢体与暗盒摆位
桡骨远端（65°实线箭头）、近列腕骨（45°虚线箭头）
和远列腕骨（30°破折号线箭头）

■ 屈曲背 65°近背远斜位（Flexed D65°Pr-DDiO）。该投照位作桡骨远端背侧的切线位（图 9-12）。肢体被抬起，桡骨垂直，腕部轻微屈曲、靠近对侧腕部。

■ 屈曲背 45°近背远斜位（Flexed D45°Pr-DDiO）。该投照位作近列腕骨背侧的切线位（桡腕骨和中间腕骨，图 9-13）。肢体被抬起，适度屈曲，桡骨向前与地面呈 45°。

■ 屈曲背 30°近背远斜位（Flexed D35°Pr-DDiO）。该投照位作远列腕骨背侧的切线位（第三腕骨为主，图 9-14）。肢体被抬起最大限度地屈曲，桡骨向前与地面呈 60°。

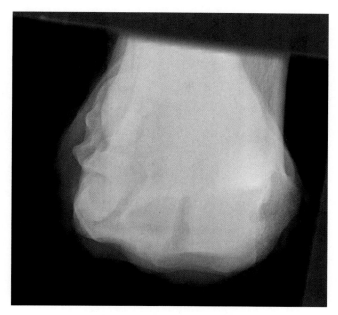

图 9-12　正常桡骨远端背侧切线位 X 线片
注意：近列腕骨与桡骨远端重叠。

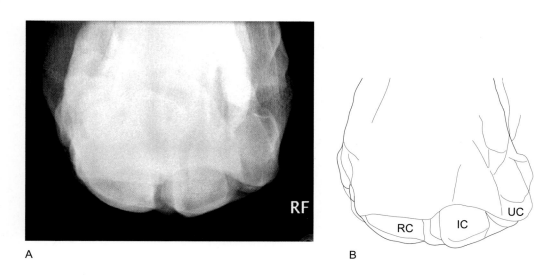

A

B

图 9-13（A 和 B）　近列腕骨背侧切线位（屈曲背 45° 近背远斜位）X 线片
RC. 桡腕骨　IC. 中间腕骨　UC. 尺腕骨

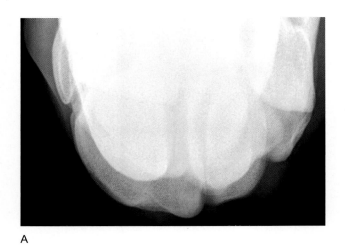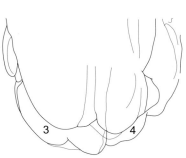

A   B

图 9-14（A 和 B） 远列腕骨背侧切线位 X 线片
右侧是外侧　3.第三腕骨　4.第四腕骨

小贴士

● 避免屈曲腕部外展。

第10章 跗部 X 线摄影

简介

跗部 X 线摄影适应证包括：

- 跗间关节（tarsocrural joint）或跗部鞘渗出。
- 经关节内或神经周围封闭确认的跗部跛行。
- 跗部创伤性损伤。

负重外内侧位、背跖位（图 10-1、图 10-2）、背外跖内斜位、背内跖外斜位，均可为大多数病例提供足够的诊断信息。偶尔，跟骨屈曲外内侧位或"切线"位（背跖位）可提供有用的额外信息。

患马准备

患马跗关节 X 线摄影无需特定准备。然而，大多数马如给予镇静，则更容易进行 X 线摄影。暴躁马匹可能对人员和设备造成严重伤害或破坏。

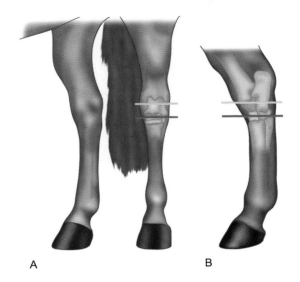

图 10-1　跗部背侧（A）和外侧（B）投照位的 X 线束中心对准不同处

跗间关节间隙（黄线）和远列跗关节间隙（红线）

A　　　　　　　　B

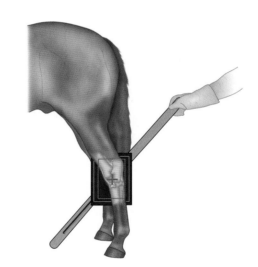

图 10-2　跗部外内侧位的患马与暗盒摆位、X 线束中心点（红十字）和原发 X 线投照范围（绿色框）

小贴士

- 对除了屈曲位（见本章⑤和⑥）外的所有投照位，要确保马匹负重并站在平地，跖骨尽可能垂直，肢体没有外展或内收。
- 如果目标区域是细小跗关节（跗跖关节、远列和近列跗间关节），X 线束中心应比目标区域是跗间关节的 X 线束中心要略微远（图 10-1）。
- 许多马匹的后肢有轻微"外八字"表现，应评估每匹马的外旋程度，并且所有站立姿势的 X 线投照位都应对照。

投照位

❶ 外内侧位

这个投照位重点突出：跟骨结节与跟骨跖侧，距骨（重叠的）内侧与外侧滑车脊，中央跗骨与第三跗骨背侧，第四跗骨跖侧，第三跖骨背近侧，籽骨（第二和第四跖骨）近侧（图 10-3）。

摆位

暗盒置于暗盒支架内、跗部内侧，与跗关节背跖轴一致。从跗部的背侧持暗盒支架较安全，避免直接站在马匹后方。然而，一些马有很笔直或"内八字"后肢表现，暗盒的准确摆位就变得很困难。

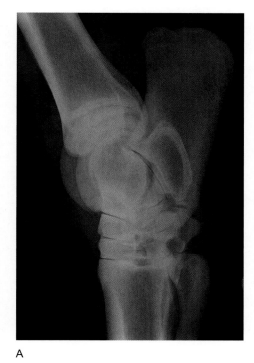
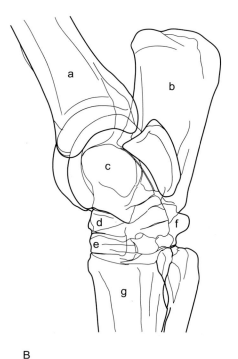

A   B

图 10-3（A 和 B）　跗部侧位 X 线片
a. 胫骨　b. 跟骨　c. 距骨　d. 中央跗骨　e. 第三跗骨　f. 第四跗骨　g. 第三跖骨

X 线束中心与投照范围

真正的外内侧位投照，X 线束应做水平投照。X 线束中心对准跗间关节间隙或小跗关节间隙。另外，为了避免／减少小跗关节处的重叠，X 线束应以轻微角度（5°～10°）向下（近 - 远方向）投照。X 线束投照范围应包括：跗部、远端胫骨的前侧和近端距骨。

小贴士

- 正常马小跗关节从外侧到内侧方向，略有近端向远端的倾斜。因此，X 线束应以一个角度直接穿透这些狭窄的关节间隙，即 X 线束可向下 5°～10° 投照。
- 如果有内外侧的蹄不平衡，X 线束要重新调整，目的是使 X 线束平行穿透小跗关节，获得其最清晰影像。

---

❷ 背跖位

这个投照位重点突出：胫骨内侧髁与外侧髁，距骨内侧，中央跗骨和第三跗骨内侧，第四跗骨和赘骨（第二和第四跖骨）外侧（图 10-4、图 10-5）。

摆位

暗盒置于暗盒支架内、垂直置于跗部跖侧。

X 线束中心与投照范围

X 线束通常水平投照，但是在一些马匹，X 线束以 5°～10° 从近侧向远侧投照，有助于小跗关节内侧更加清晰地成像。X 线束中心应对准跗间关节或小跗关节。X 线束投照范围应包括：跗部近端点，远侧以近端赘骨为界限，胫骨内侧髁和外侧髁。

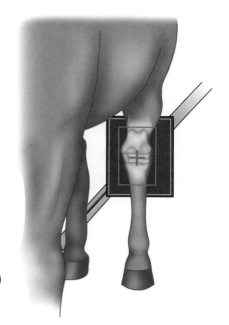

图 10-4　跗部背跖位的患马与
暗盒摆位、X线束中心点（红十字）

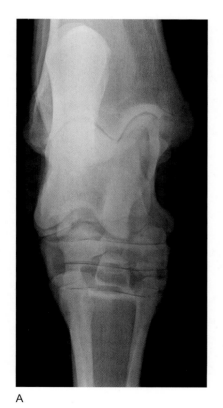

A

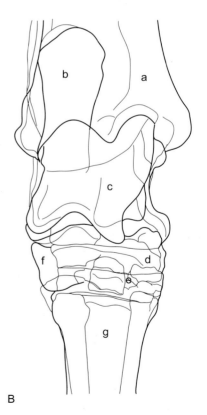

B

图 10-5（A 和 B）　跗部背跖位 X 线片
a. 胫骨　b. 跟骨　c. 距骨　d. 中央跗骨　e. 第三跗骨　f. 第四跗骨　g. 第三跖骨

- 采用跖外背内斜位投照（PLDMO），将产生与背内跖外斜位投照大致相同的影像。然而，跖外背内斜位投照会产生更多的失真，因为胫骨远端成角的关系，使暗盒不能贴近肢体。

❸ 背外跖内斜位

这个投照位重点突出：胫骨内侧髁，距骨内侧滑车脊，中央跗骨、第三跗骨与第三跖骨的背内侧面。在跖侧，跟骨跖外侧面、第四跗骨和第四跖骨更为突出（图10-6、图10-7）。

摆位

暗盒置于暗盒支架内，垂直置于跗部的跖内侧，垂直于X线束方向。

X线束中心与投照范围

X线束水平投照，中心对准跗间关节间隙或小跗关节间隙。X线束投照范围应包括：跗部上限点，远侧以近端赘骨为界限，胫骨内侧髁，跟骨跖侧面。

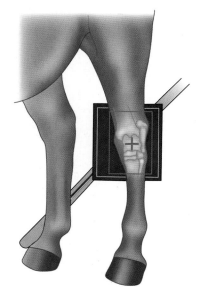

图10-6 跗部背外跖内斜位的患马与暗盒摆位、X线束中心点（红十字）和X线束投照范围（绿色框）

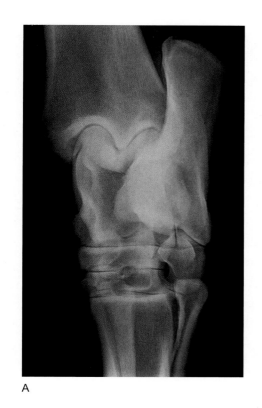
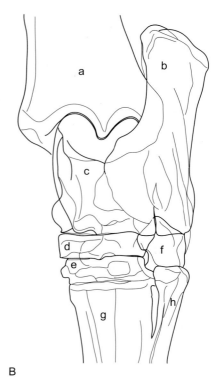

A   B

图 10-7（A 和 B） 跗部背外跖内斜位 X 线片
a. 胫骨   b. 跟骨   c. 距骨   d. 中央跗骨   e. 第三跗骨   f. 第四跗骨
g. 第三跖骨   h. 第四跖骨

❹ 背内跖外斜位

这个投照位重点突出：载距突，距骨外侧滑车脊，中央跗骨、第三跗骨、第二与第三跖骨的背外侧面，第四跗骨、融合的第一与第二跖骨的跖内侧面（图 10-8、图 10-9）。

摆位

暗盒置于暗盒支架内、垂直置于跗部的跖外侧，垂直于 X 线束的方向。

X 线束中心与投照范围

X 线束水平投照，中心对准跗间关节间隙或小跗关节间隙。X线束投照范围应包括：跗部近端与跖侧限点，远侧以近端赘骨为界限，远端胫骨的背侧面。

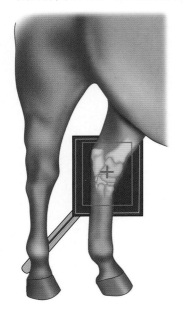

图 10-8　跗部背内跖外斜位的患马与暗盒摆位、X线束中心点（红十字）和 X 线束投照范围（绿色框）

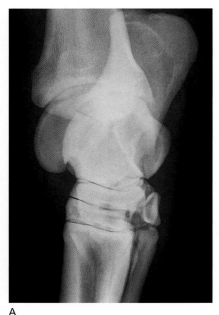

A

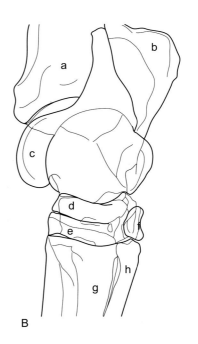

B

图 10-9（A 和 B）　跗部背内跖外斜位 X 线片
　a.胫骨　b.跟骨　c.距骨　d.中央跗骨　e.第三跗骨　f.融合的第一和第二跗骨
g.第三跖骨　h.第二跖骨

❺ 屈曲外内侧位

这个投照位用于评估：胫骨跗远侧面、距骨滑车脊近侧面和跟骨喙突（图 10-10、图 10-11）。

摆位

马匹站立，后肢应由站立于马腹部旁的助手屈曲。暗盒垂直置于跗部内侧面。

X 线束中心与投照范围

X 线束水平投照，中心对准距骨。X 线束投照范围应包括：跗部、胫骨远端和距骨近端。

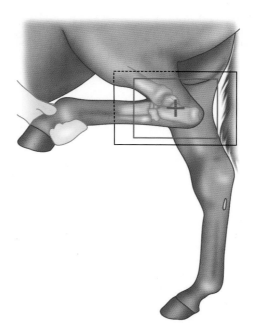

图 10-10 跗部屈曲外内侧位的患马与暗盒摆位、X 线束中心点（红十字）

小贴士

- 除了铅围裙保护外，至关重要的是持暗盒和固定马肢体的人都应戴铅手套。
- 屈曲肢体时注意不要使肢体外展，因为这将导致该关节旋转。

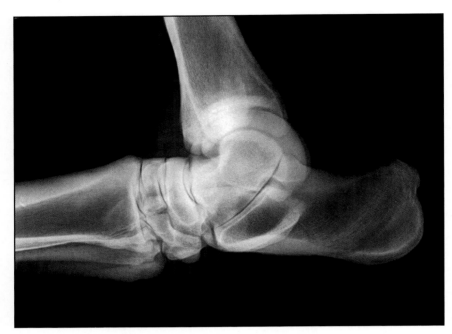

A

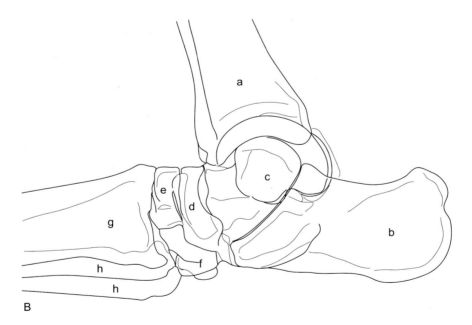

B

图 10-11（A 和 B） 跗部屈曲外内侧位 X 线片

　a. 胫骨　b. 跟骨　c. 距骨　d. 中央跗骨　e. 第三跗骨　f. 融合的第一和第二跗骨
g. 第三跖骨　h. 分别是第二和第四跖骨

❻ 跟骨和载距突的屈曲跖近跖远位（切线位）

这个投照位重点突出：跟骨粗隆，沿着距骨内滑车脊近侧面的载距突。伴随更高的曝光量，一些马的距跟关节可被辨认（图 10-12、图 10-13）。

摆位

马匹站立。助手戴铅手套，站在马腹部旁。后肢屈曲，应尽可能靠向尾侧。暗盒水平摆放，暗盒面朝上，暗盒尾侧倚靠紧贴于跟骨／距骨的跖侧。

X 线束中心与投照范围

X 线束尽可能垂直（向下）投照，同时避开大腿尾侧的肌群。X 线束投照范围严格限于屈曲跗部的跖侧，即跟骨与载距突。

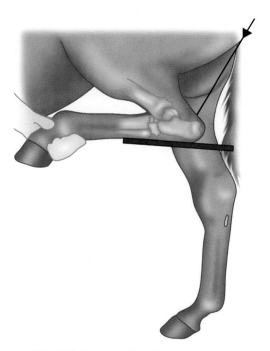

图 10-12　跗部跟骨和载距突的屈曲跖近跖远位的患马与暗盒摆位、X 线投照方向

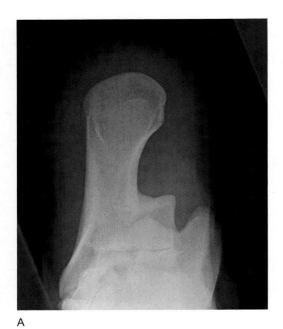
A

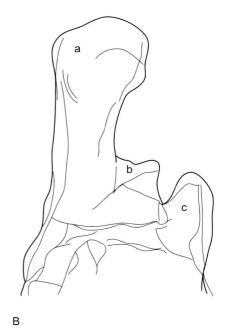
B

图 10–13（A 和 B） 跗部跟骨和载距突的屈曲跖近跖远位 X 线片
a. 跟骨粗隆　b. 载距突　c. 距骨内侧滑车脊

小贴士

● 除了铅围裙保护外，至关重要的是持暗盒和固定马肢体的人都应戴铅手套。

第11章 肘部 X 线摄影

简介

肘部 X 线摄影的适应证包括：

- 经关节内麻醉定位的肘部跛行。
- 异常站姿（肘部"垂下"）。
- 创伤。

大部分 X 线机可做肘部内外侧位和前后位投照。使用大暗盒与暗盒支架便于获得整个目标区域的影像。快速胶片 - 增感屏组合可获得最好的效果。偶尔，斜位 X 线片可提供附加的有用信息。

患马准备

肘部 X 线摄影，患马无须特殊准备。然而，充分镇静可使患马与暗盒摆位更加容易，特别是肘部疼痛性外伤患马，可能不愿伸展肢体，但这是做内外侧位投照所必需的。

投照位

❶ 内外侧位

这个投照位重点突出：鹰嘴突，尺骨滑车突与喙突，桡骨近端关节面，桡骨粗隆，臂骨髁和上髁（图 11-1、图 11-2）。

摆位

马匹如此摆位，其对侧肢体最靠近 X 线机。被检肢体远端需要一位助手抬着，并且尽可能向头部牵拉，目的是使肘尖端（鹰嘴突）位于胸部肌群与对侧肢体的颅侧。暗盒垂直摆放，尽可能靠近肘关节的外侧。

X 线束中心与投照范围

X 线束水平投照，中心对准桡骨近端。X 线束投照范围应包括：肘尖端、桡骨近端 1/3 和一部分臂骨远端。

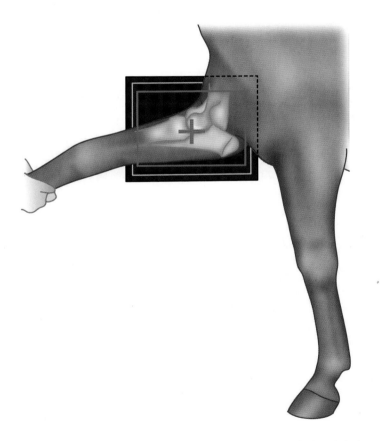

图 11-1　肘部内外侧位的患马与暗盒摆位、X 线束中心点（红十字）

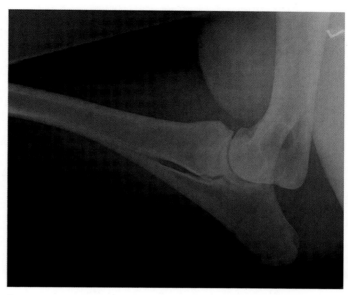

A

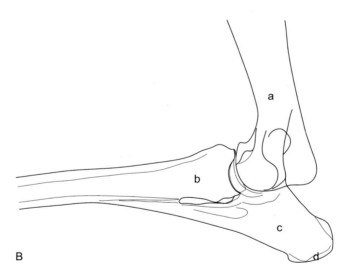

B

图 11-2（A 和 B） 肘部内外侧位 X 线片
a. 臂骨　b. 桡骨　c. 尺骨　d. 鹰嘴突

<table>
<tr><td>小贴士</td></tr>
</table>

- 与 X 线检查其他较大组织结构一样，如果随后必须重新摆位，可以使用 X 线可透性皮肤标识，有助于确定 X 线束中心点。

❷ 前后位

这个投照位重点突出：臂骨与桡骨关节间隙，臂骨和桡骨的内侧和外侧面。这个投照位可显像出内外侧位中不显示的一些骨折（图 11-3、图 11-4）。

摆位

马匹负重。暗盒置于肘部后向。暗盒摆位成一个角度，其内缘触及胸腔腹外侧，暗盒下内角延伸至胸腔下，这有助于确保臂骨远端被呈现在 X 线片上。

X 线束中心与投照范围

X 线束从颅侧到尾侧做水平投照，中心对准桡骨近端。X 线束投照范围应包括：尽可能多的臂骨远端（通常可拍摄到肘尖端近侧的 3～4cm 臂骨）。

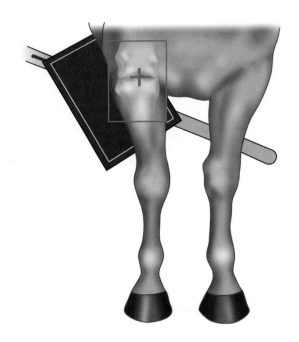

图 11-3　肘部前后位的患马与暗盒摆位、X 线束中心点（红十字）和 X 线束投照范围（绿色框）

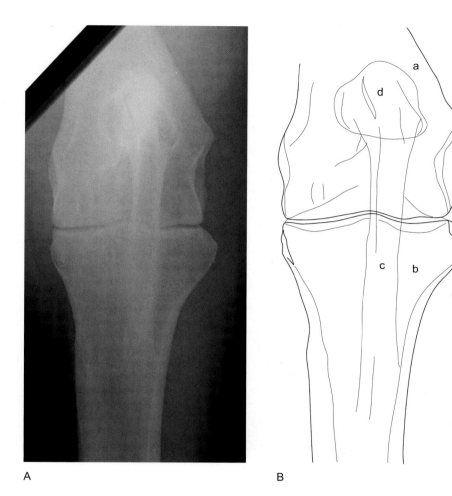

A   B

图 11-4（A 和 B） 肘关节前后位 X 线片
a. 臂骨　b. 桡骨　c. 尺骨　d. 鹰嘴突

小贴士

● 如果马胸部腹侧壁相对低于其肘关节，那么 X 线束投照方向应沿着近侧
向远侧（往下）调整 10°～15°，才能检查远端臂骨和肘关节。然而，这
种投照角度会扭曲图像，应尽可能避免使用。

❸ 前内后外斜位

这个投照位的适应证极少，但是有助于全面评价骨折（图 11-5、图 11-6）。

摆位

马匹应该负重。暗盒垂直置于肘部后外侧。暗盒摆位成一个角度，其内缘触及胸腔腹外侧，暗盒下内角延伸至胸壁下，这将有助于投照尽可能多的臂骨远端。

X 线束中心与投照范围

X 线束应成角度做水平投照，中心对准桡骨近端。X 线束投照范围应包括：肘尖端和臂骨远端。

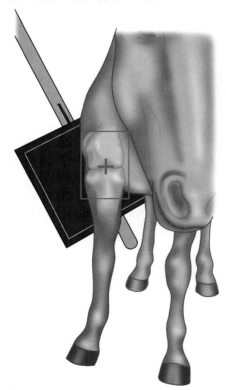

图 11-5　肘部前内后外斜位的患马与暗盒摆位、X 线束中心点（红十字）和 X 线束投照范围（绿色框）

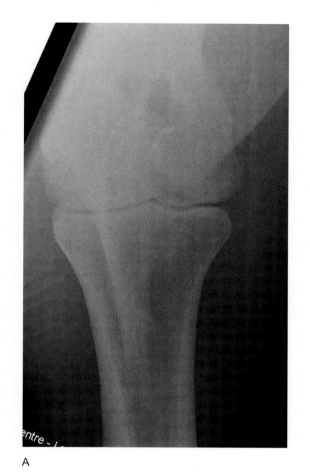

A

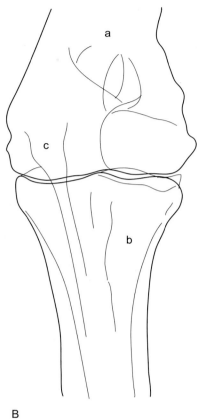

B

图 11-6（A 和 B） 肘部前内后外斜位 X 线片
a. 臂骨　b. 桡骨　c. 尺骨

第12章 肩部 X 线摄影

简介

肩部 X 线摄影的适应证包括：

- 经关节内麻醉定位于肩部的跛行。
- 覆盖于肩胛骨上肌肉（冈上肌与冈下肌）萎缩。
- 创伤。

肩关节投照需要高输出 X 线机，还要使用快速胶片 - 增感屏组合。使用滤线栅将有助于减少散射。镇静马匹站立，做内外侧位和斜位投照。大暗盒便于整个目标区域的成像，暗盒应置于暗盒支架内，而不是用手持。如果目标区域位于臂骨前近侧（臂骨结节或三角肌粗隆），而不是肩关节本身，就可使用低曝光量，这是因为该区域的软组织覆盖较少。

患马准备

肩部 X 线摄影检查患马虽无须特殊准备，然而，充分地使马镇静可使患马与暗盒的摆位更加容易，特别是有肩部疼痛性病灶的患马，可能不愿伸展肢体，但这是做 X 线摄影所必需的。牵拉马匹肢体的人，除了穿铅围裙保护外，还应戴铅手套。

投照位

❶ 内外侧位

这是最常见的投照位，重点突出：臂骨结节，臂骨头的关节表面，肩胛骨的关节盂和盂上结节。叠加于肩关节的气管，虽有助于X线续片，但它不总是可行的（图12-1、图12-2）。

摆位

马的摆位应使对侧肢体紧靠X线机。此时，被检肢体的远端由一名助手提着，并尽可能地（向前牵拉）伸展，以避免左侧和右侧肩关节的重叠。暗盒置于暗盒支架，垂直摆放，倚靠于被检肩部的外侧。

X线束中心与投照范围

X线束应做水平投照。放射技师应触摸对侧肢体（最靠近X线机）肩胛冈的远侧，X线束中心此时对准其头侧10cm与其近侧10cm的交叉点，目的是使X线束中心对准对侧的肩关节间隙。X线束投照范围应包括臂骨近端和肩胛冈远端。

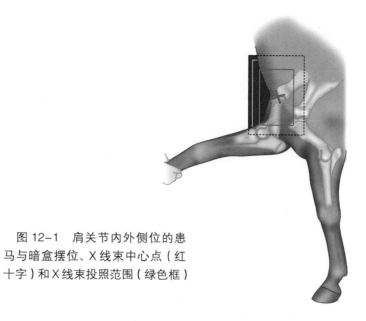

图12-1 肩关节内外侧位的患马与暗盒摆位、X线束中心点（红十字）和X线束投照范围（绿色框）

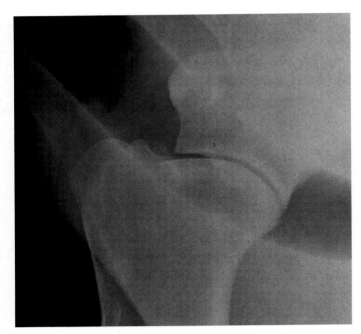

A

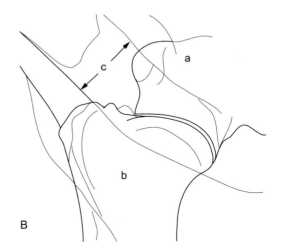

图 12-2（A 和 B）　正常肩关
节侧位 X 线片
　a.肩胛骨　b.臂骨　c.气管

B

❷ 前 45°内后外斜位

这个投照位用于肩关节矢状面的损伤和骨折，这在内外侧位是很难显现的。前 45°内后外斜位重点突出：大结节的颅背侧，中间结节的颅侧和臂骨的三角肌粗隆（图 12-3、图 12-4）。

摆位

马的摆位应使被检的对侧肢体紧靠 X 线机。被检肢体的远端由一助手提着，尽可能地向前侧牵拉。暗盒置于紧靠肩部的后外侧，靠近体壁。

X 线束中心与投照范围

X 线束从前内侧向后外侧方向做水平投照，中心对准肩关节间隙，其与对侧负重肢的肩胛冈远端处于大概同一水平面。X 线束投照范围应包括臂骨近端、肩胛冈远端。

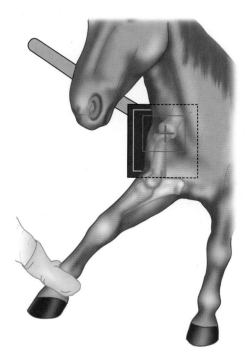

图 12-3　肩关节前 45°内后外斜位的患马与暗盒摆位、X 线束中心点（红十字）和 X 线束投照范围（绿色框）

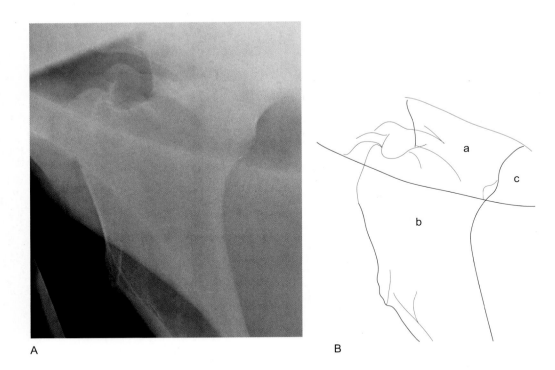

图 12-4（A 和 B） 肩关节前 45°内后外斜位 X 线片
a. 肩胛骨　b. 臂骨　c. 气管

第13章 膝部 X 线摄影

简介

膝部 X 线摄影的适应证包括：关节积液或伴随跛行，关节内麻醉或临床检查定位于膝部的跛行及创伤。

大多数便携式 X 线机有足够的功率做膝关节外内侧位投照。然而，成年马后前位投照，需至少 90kV 和 20mAs 曝光值。使用大暗盒有助于整个目标区域的显像。快速胶片 - 增感屏组合可获得最佳效果。尽管暗盒支架很好用，但是，当暗盒置于暗盒支架时，往往很难将暗盒置于最佳位置。因此，通常用人工手持暗盒做膝部 X 线摄影。持暗盒的人应戴铅手套，尽力仅持暗盒的边缘，应使用目前可供使用的最大暗盒。严格的 X 线束投照范围能减少对持暗盒人的辐射暴露。

负重外内侧位、后前位、后 60°外前内斜位，大多数情况下，可提供足够的诊断信息。偶尔，屈曲外内侧位和"切线位"（前近前远斜位）可提供有用的附加信息。

患马准备

膝部 X 线摄影马匹无需特殊准备。然而，马匹必须充分镇静，因为做侧位和斜位投照时，暗盒必须高置于膝部内侧面，大多数未镇静马会愤怒。同样，做后前位投照时，X 线机和放射技师就站立于后肢的后面。因此，有被踢伤的风险。烦躁马匹会对人员和设备造成严重的创伤或损坏。

投照位

❶ 外内侧位

这个投照位重点突出：臂骨滑车脊，膝盖骨，前十字韧带嵌入区域和胫骨粗隆（图 13-1 至图 13-3）。

摆位

当马如此摆位，被检腿轻微扩展至对侧肢后方时，更容易做负重外内侧位投照。暗盒的放置应尽可能高至膝部内侧的腹股沟区域。

X 线束中心与投照范围

X 线束应做水平投照，放射技师应注意马的内外蹄平衡，调整 X 线束与其平行。X 线束中心对准股胫关节间隙处。

X 线束投照范围的近－远径宽度应包括股骨远端和胫骨近端，但是投照范围的前－后径应严控，使 X 线束与持暗盒人的手之间保持最大的距离。

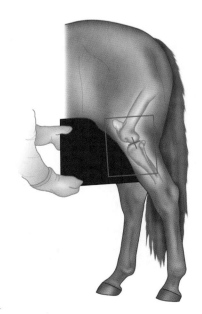

图 13-1 膝部外内侧位的患马与暗盒摆位、X 线束中心点（红十字）和 X 线束投照范围（绿色框）

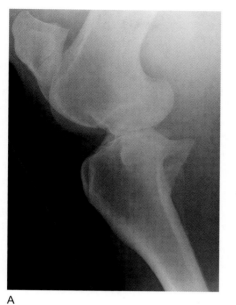
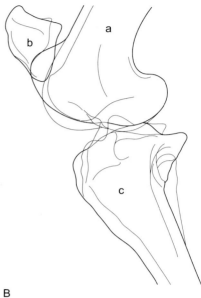

图 13-2（A 和 B） 膝部外内侧位 X 线片
a. 股骨　b. 膝盖骨　c. 胫骨

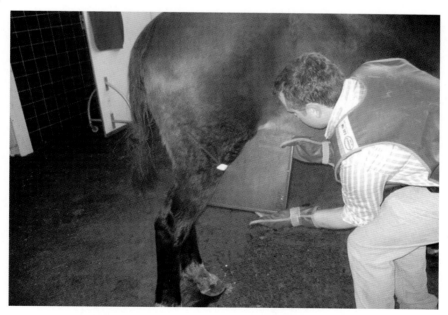

图 13-3　做膝部投照时，置一小块胶带（红色箭头指示）标记 X 线束中心

❷ **后前位**

这个投照位重点突出：胫骨髁间隆起，股骨髁间窝，股骨内外侧髁和胫骨内外侧髁的负重面（图 13-4 至图 13-6）。

摆位

马匹应该负重。当马摆位、被检腿略伸展于对侧肢的后方时，较容易做后前位投照。暗盒放在膝部的前侧，当向内侧推入暗盒时要小心，不要毫无警戒地触碰马腹侧面或鞘部。

X 线束中心与投照范围

X 线束从近至远方向（向下）呈 10°～15° 投照，中心对准肢体后侧分成两半的平分线上，所以 X 线束出点位于胫骨的前近端（放射技师可以从马的外侧做检查）。

X 线束投照范围的近-远径应包括股骨远端和胫骨近端，但是投照范围的内外径应该严控，目的是既可包括胫骨的内、外侧髁，也可使 X 线束与持暗盒人的手之间保持最大的距离。

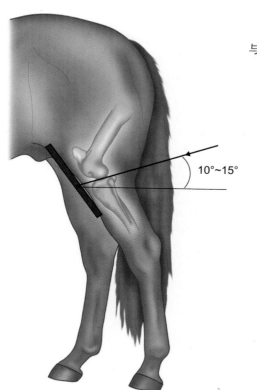

图 13-4　膝部后前位的患马
与暗盒摆位、X 线束投照方向

10°~15°

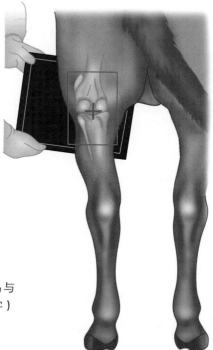

图 13-5　膝部后前位的患马与
暗盒摆位、X 线束中心点（红十字）
和 X 线束投照范围（绿色框）

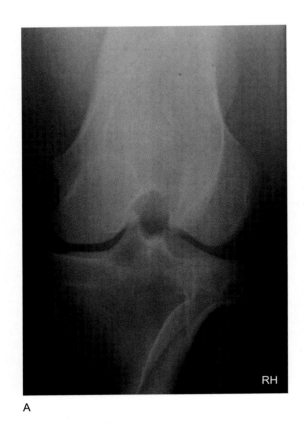

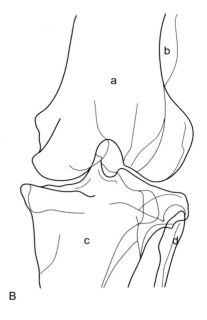

图 13-6（A 和 B） 膝部后前位 X 线片
a. 股骨　b. 膝盖骨　c. 胫骨　d. 腓骨

小贴士

- 在肢体后面的股胫关节间隙水平处放置一个标识，可以有助于对准中心。

---

❸ **后 60°外前内斜位**

做这个投照位比真正的外内侧位容易，尤其是对于把暗盒放于腹股沟区域的暴躁马。它重点突出：股骨滑车脊，胫骨脊，膝盖骨和前十字韧带的嵌入区域（图 13-7、图 13-8）。

摆位

马应该负重。后60°外前内斜位投照更容易获得,当马被检腿略伸展至对侧肢后方时,暗盒置于膝部的前内侧,尽可能举高。

X 线束中心与投照范围

X 线束应从近至远方向呈10°角(向下)投照,中心对准股胫关节间隙,即肢体的前1/3与后2/3的交汇处。X 线束投照范围的近 - 远径应包括股骨远端和胫骨近端,但是投照范围的前 - 后径应严控,应包括胫骨的内外侧髁,但 X 线束与持暗盒人的手(戴铅手套)要保持最大的距离。

图 13-7 膝部后 60° 外前内斜位的患马与暗盒摆位、
X 线束中心点(红十字)和 X 线束投照范围(绿色框)

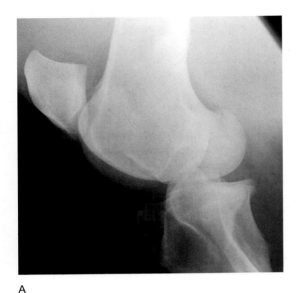

A

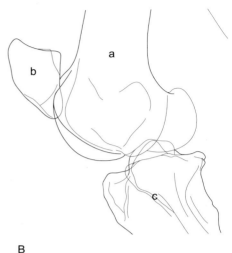

B

图 13.8（A 和 B） 正常膝部后 60° 外前内斜位 X 线片

a. 股骨　b. 膝盖骨　c. 胫骨

❹ 屈曲外内侧位

这个投照位与负重外内侧位相比，膝盖骨相对于股骨远端向远侧移位。因此，可更好显示：股骨滑车脊的近端，髁间隆起和膝盖骨顶端区域的胫骨近端（图 13-9、图 13-10）。

摆位

马膝关节屈曲，穿铅围裙、戴铅手套的助手站在马的尾侧，抓住处于抬举状态的肢体远端。屈曲的程度可根据目标特定区域的不同而异。暗盒尽可能地举高至膝关节内侧的腹股沟区域内。

X 线束中心与投照范围

X 线束应水平投照，中心对准股胫关节间隙。X 线束投照范围应包括股骨远端和胫骨近端。

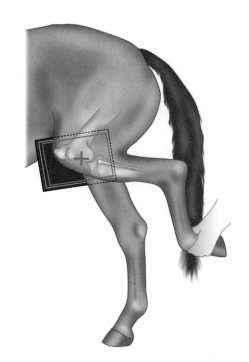

图 13-9 膝部屈曲外内
侧位的患马与暗盒摆位、X
线束中心点（红十字）和 X
线束投照范围（绿色框）

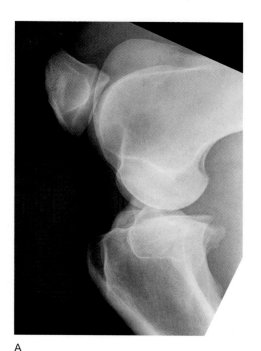

A

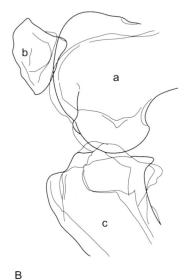

B

图 13-10（A 和 B） 正常膝部屈曲外内侧位 X 线片
a. 股骨 b. 膝盖骨 c. 胫骨

❺ 前近前远斜位（切线位）

当怀疑膝盖骨骨折时，最常用这个投照位来确定，它也重点突出股骨内外侧滑车脊与滑车间沟（图 13-11、图 13-12）。

摆位

马匹站立，后肢屈曲，助手持肢体远端，使胫骨大概呈水平状（即提起肢体远端，然后后缩）。暗盒水平放置，面向上，其尾侧接触胫骨粗隆。这个投照位可在暗盒支架中使用中型暗盒。

X 线束中心与投照范围

X 线束是朝向远端（向下）从外侧向内侧呈 10°角投照。X 线束投照范围要相当严格，包括屈曲膝关节的最前端，即膝盖骨前端。

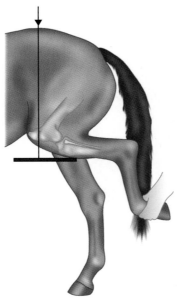

图 13-11　膝部前近前远斜位（切线位）的患马与暗盒摆位、X 线束方向

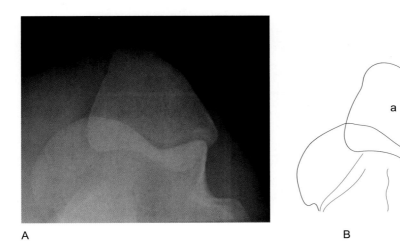

A   B

图 13-12（A 和 B） 膝部前近前远斜位（切线位）X 线片
a. 膝盖骨　b. 股骨

小贴士

- 从外侧向内侧形成投照角度是必需的，因为获得一张真正垂直对位的膝盖骨 X 线影像是很困难的，这是外侧股四头肌群阻碍 X 线束的缘故。

第14章 臀部与骨盆 X 线摄影

简介

马髋关节与骨盆的 X 线摄影只是偶尔使用，马髋关节的疾病相对其他动物来说是罕见的。臀部严重外伤会导致骨关节炎。骨盆骨折很常见，尤其是竞技赛马，最常受到影响的是髂骨。由于患部组织结构大小的原因，获得可供诊断质量的 X 线片需要高曝光量和使用滤线栅。X 线机的曝光量必须在 200mAs 和 100kV 以上。马匹站立，可以获得髋关节和部分骨盆的腹背位或侧斜位 X 线片。站立腹背位存在 X 线束中心与投照范围的问题，尤其是使用焦点滤线栅的时候，X 线机有被损坏的风险。除了马驹和小矮种马外，骨盆侧位投照几乎没有诊断价值。

完整的骨盆 X 线摄影检查需要将马匹麻醉、仰卧保定。为了避免骨盆骨折在诱导麻醉或复苏时进一步移位的风险，闪烁扫描技术可提供有价值的完整骨盆扫描影像，超声检查可用于探查正常骨盆轮廓中断。

骨盆和髋关节 X 线摄影的适应证包括：

- 已排除下肢疼痛源的后肢跛行。

- 骨盆区有骨摩擦音。

- 在更高级的闪烁扫描或超声检查时，可更好地证实其诊断意见。

准备

马匹麻醉，仰卧保定，后肢屈曲呈"蛙式位"（图 14-1）。骨盆投照位，要仔细摆位，避免向侧面倾斜，但对髋关节做 X 线投照时，可向目标区域轻微地倾斜。曝光时，所有人员都应离开房间。

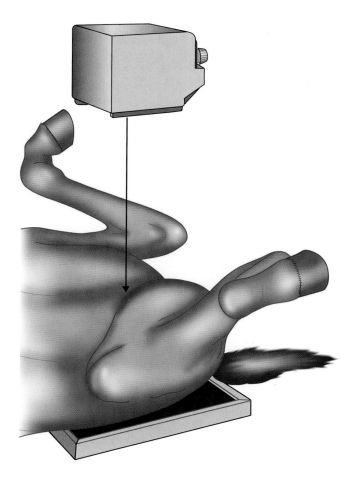

图 14-1　骨盆髋关节腹背位的麻醉马、X 线机、带滤线栅暗盒的摆位

投照位

使用现有的最大型号暗盒，完整检查骨盆需要几个交搭的腹背位投照。对于 500kg 的成年马和 35cm×43cm 的暗盒，需要 5～7 个不同的投照。从后侧开始，暗盒置于骨盆后段下面的中央，投照坐骨结节。然后前移，投照髋股和坐骨闭孔区域。最后投照骨盆前段，包括腰荐关节和荐髂关节。投照髋关节时，暗盒置于髋关节下，然后将马向被检侧倾斜。很难从腹侧触摸骨骼标志，可以通过触摸第三转子评估髋关节的位置。

马匹站立，暗盒置于骨盆上方，与背正中线大致呈 20°角。X 线机从腹下向上呈角度投照，与暗盒垂直（图 14-2 至图 14-4）。

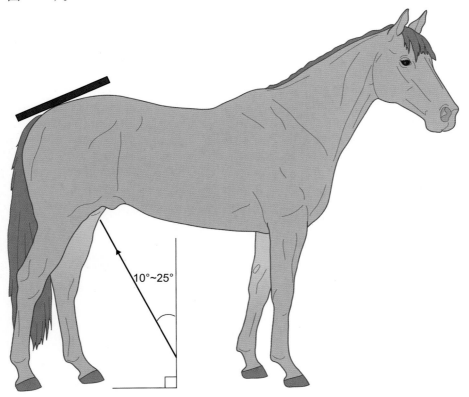

图 14-2　站立马骨盆腹背位的暗盒摆位和 X 线束方向

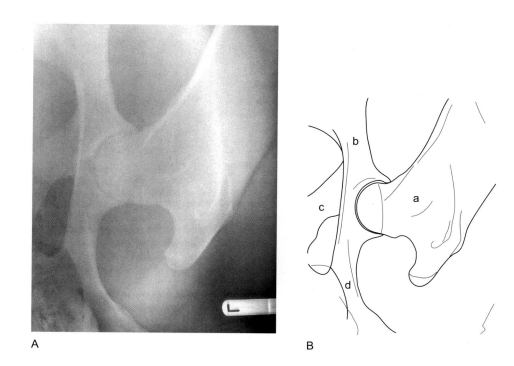

图 14-3（A 和 B） 正常髋关节腹背位 X 线片，马全身麻醉下做该投照位
a. 股骨　b. 髂骨　c. 耻骨　d. 坐骨

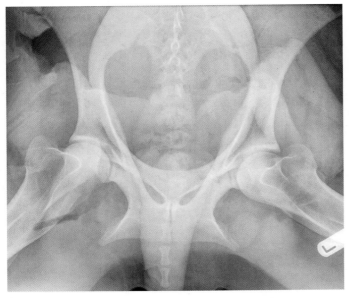

A

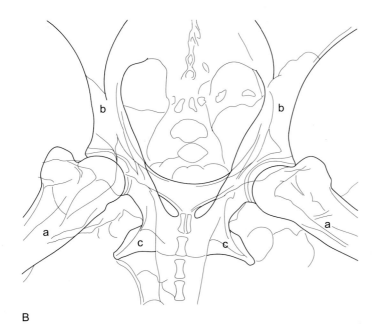

B

图 14-4（A 和 B） 正常马（尸体）骨盆的腹背位 X 线片

a. 股骨 b. 髂骨 c. 坐骨

第15章 颈椎 X 线摄影

简介

颈椎 X 线摄影的适应证包括：

- 共济失调。
- 颈痛。
- 肿胀或灵活性降低。
- 卧倒。
- 前肢跛行（罕见）。

使用便携式 X 线机，可获得镇静站立马前段与中段颈椎的高质量侧位 X 线片（图 15-1 至图 15-5），但是后段颈椎和第一胸椎需要更高的曝光量，这超出了大多数便携式机器功率。腹背位很少使用，因为其必须在全身麻醉下摆位。当考虑使用外科手术治疗压迫性病灶时，宜做脊髓造影，但也需要全身麻醉。

准备

深度镇静可减少马对操作暗盒和 X 线机的反应。颈部的金属标识有助于 X 线束对准中心。如果包括颅后部，应使用缰绳，以防笼套上皮革与金属扣的遮盖。需要暗盒支架，最好能与 X 线机连接同步。一匹成年马颈椎的标准完整检查，需要做 4 个交搭的侧位投照、使用大型号暗盒（35cm×43cm）。

站在室内的所有人员都要防辐射（穿铅围裙、戴铅手套）。

摆位

马匹应四肢均匀负重。颈部和头部必须笔直、小心，避免其发生旋转。

X 线束中心与投照范围

最前部的侧位投照，中心对准 C1，应包括枕骨。随后的投照应该分别包括 C1~C3，C3~C5，C5~C7。在每种情况下，X 线束中心都应对准居中的脊体，并且投照范围是骨骼，而不是颈部软组织。整段颈椎呈轻微 S 状排列，后段颈椎位置接近颈部的腹侧。触诊颈部将有助于颈椎的准确定位。

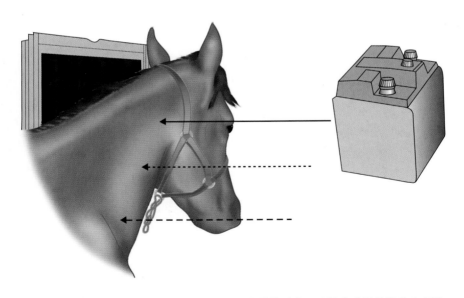

图 15-1　颈椎前段（实心箭头）、中段（虚线箭头）、后段（破折线箭头）侧位投照的马匹、暗盒、X 线机的摆位示意图

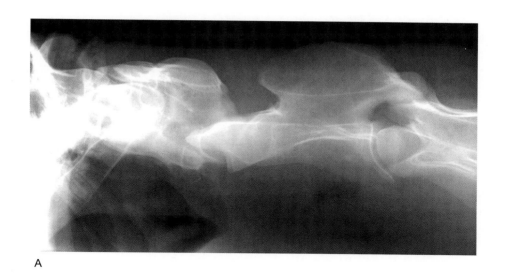

A

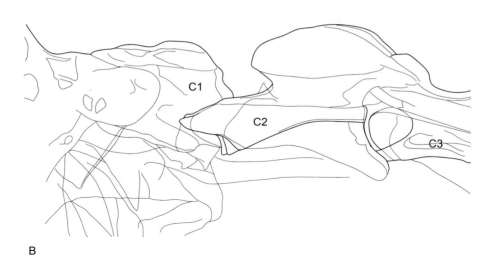

B

图 15-2（A 和 B） 寰椎、枢椎、第三颈椎前段（C1～C3）侧位 X 线片

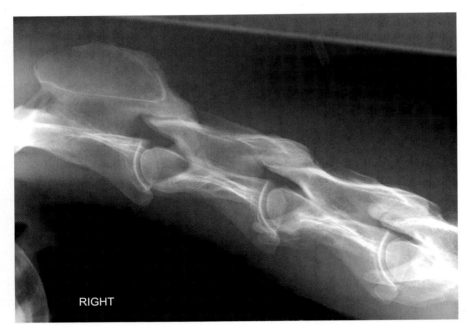

A

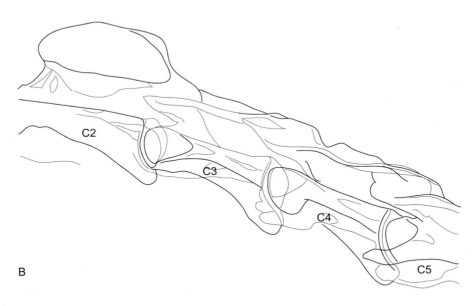

B

图 15-3（A 和 B） 第二至第五颈椎侧位 X 线片
X 线片上已做标识，提示暗盒置于右侧

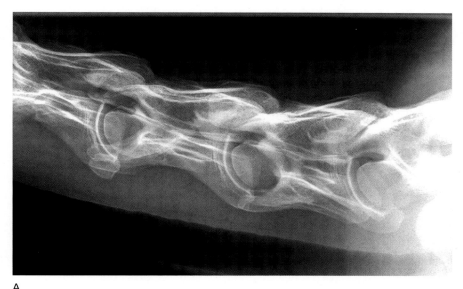

A

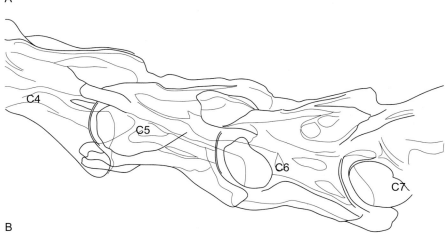

B

图 15-4（A 和 B） 第四（后段）至第七（前段）颈椎侧位 X 线片

小贴士

- 侧位片通常只从一侧投照，但是从另一侧重复投照可帮助定位非对称性病灶，因为当病变进一步远离暗盒时将被放大。
- 沿着脊椎背侧的颈部不同位置，但仍然在 X 线束投照范围内，放 2～3 个 X 线不透性标识物，可以帮助需重复投照时借助确认的椎骨而定位。

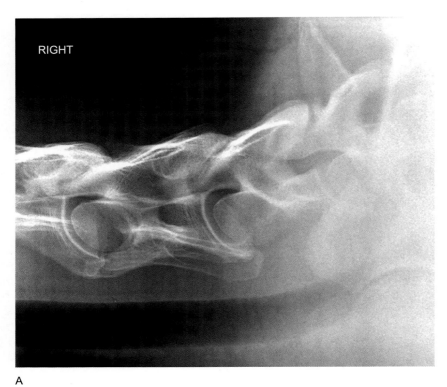

A

B

图 15-5（A 和 B） 第五颈椎（后段）至第一胸椎侧位 X 线片
X 线片上已做标识，提示暗盒置于右侧。t. 气管

第16章 胸腰椎和荐椎 X 线摄影

简介

胸、腰、荐脊柱 X 线摄影的适应证是疼痛，其临床症状有：

- 运动表现不佳。
- 可经触诊和／或局部痛觉丧失定位于该区域的骑乘问题。

使用 X 线摄影可诊断的疾病包括：

- 骨折（最常见于鬐甲）。
- 马鞍区 T12～T16 的棘突碰撞（DSPs）。
- 背侧椎间关节骨关节炎。
- 腹侧（骨化）椎关节强硬。
- 先天性畸形（驼背和脊柱腹凸）。

胸腰椎椎体的充足投照需要高性能 X 线机。便携式 X 线机只能满足胸前段、胸中段棘突端的 X 线摄影。胸后段随着软组织厚度增加，需要更高的曝光量（图 16-1 至图 16-4）。

X 线摄影摆位

马通常是站立并且均匀负重做 X 线摄影的。如果马有一个后蹄歇蹄，脊柱会适度地旋转。如果 X 线中心对准椎体，则位于背中线腹侧大约 15cm 处。如果做棘突端 X 线摄影，X 线中心则对准背中线腹侧大约 3cm 处。同一区域通常需多次不

同曝光，这样才能分别拍摄更深和更浅表面的组织结构。30°
斜位投照可以更好地定位背侧椎间（面）关节。

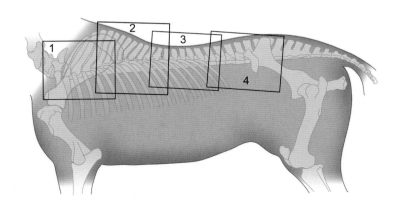

图 16-1　完整检查胸腰椎的 4 个连续交搭投照位的暗盒定位示意图

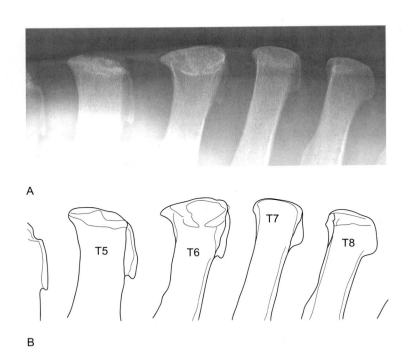

A

B

图 16-2（A 和 B）　正常胸椎棘突 T5～T8 的侧位 X 线片

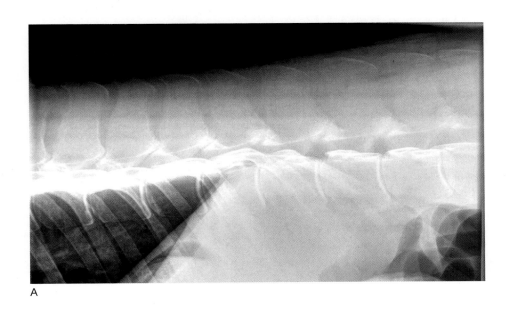

A

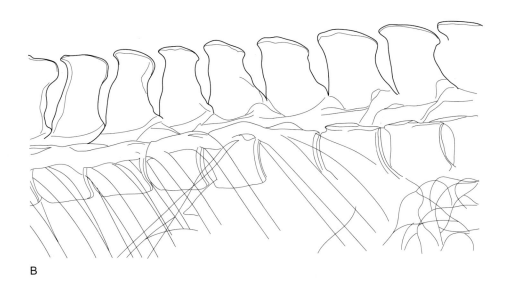

B

图 16-3（A 和 B） 后段胸部和前段腰部区域的侧位 X 线片

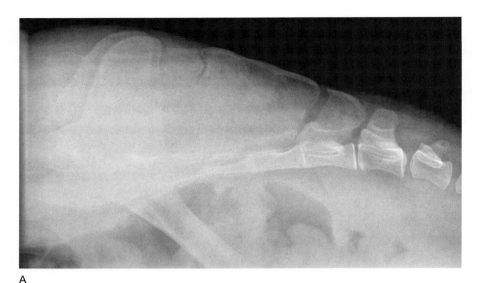

A

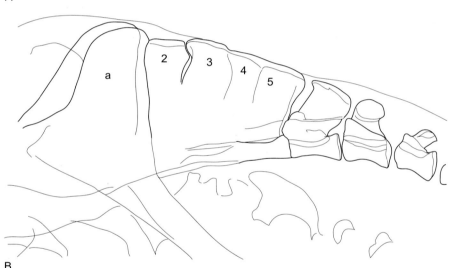

B

图 16-4（A 和 B） 正常背侧骨盆和荐骨侧位 X 线片

注意：几个荐骨棘突部分融合。a. 髂骨　2~5. 荐椎棘突（融合）

第17章 头部 X 线摄影

简介

马头部 X 线摄影的适应证有很多，但是最常见的包括：

- 伴随齿根尖周疾病的临床症状。
- 鼻旁窦或鼻腔疾病（呈现单侧鼻漏、面部肿胀、吐草症、瘘道漏）。
- 偶尔也用于疑似喉囊异常、咽／喉异常、颅骨创伤马匹的 X 线摄影检查。

任何 X 线机都可以获得头部高质量 X 线片。使用快速胶片 - 感光片组合，可达到最佳效果。不必使用滤线栅，因为滤线栅会相应增加对操作人员的辐射。头部侧位投照很容易获得，但是无经验的放射技师会发现：斜位 X 线投照获得质量良好、稳定、可重复性的结果是相当困难的。

患马准备

绝大多数患马需要镇静才能做头部 X 线摄影，不必要全身麻醉。应使用一根绳子或编织笼套，避免在 X 线片上出现标准笼套金属扣的伪像。然而，即使使用绳子的笼套也会造成伪影。因此，如果可能的话，可将笼套移出目标区域。

- 使用大的暗盒，X线束投照范围应包括一个大区域，例如，如果怀疑上颌齿疾病，就要包括整个上颌齿弓和上颌窦。这对颅骨X线片阅片容易一些，因为解剖结构的相关异常可以很容易地识别。

- 给镇静马鼻加靠垫，可以有助于减少头部的移动。

- 使用弹性类绳子使暗盒直接贴在头部是防止运动性模糊的一种替代方法，这也意味着不需要第二个人去持暗盒支架。

- 与X线不透性的白齿相比，鼻旁窦内容物、门齿或喉囊/喉区需要较低的曝光量。

- 如果存在面部肿胀，在最肿胀区域放置一X线不透性小标识物（如回形针），并做额外侧位或斜位投照，有助于确定X线表现是否可能与临床相关（图17-1）。

- 如果存在皮肤瘘道，使用一个钝的、有韧性的、金属探针轻轻地进入瘘道，并用胶带固定。这对下颌或上颌背侧的白齿根尖周感染的明确鉴别是特别有用的（图17-2）。

- 白齿根尖外观有明显的正常年龄差异。当要作出可疑异常是否明显的决定时，做对侧（未感染侧）白齿弓X线摄影是很有用的。

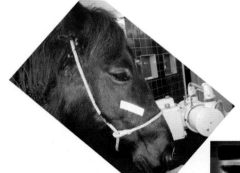

A

图17-1（A和B） 在面部肿胀区域放置一个X线不透性标识，并用胶带附着于皮肤上（A），有助于在X线片上定位目标区域（B）

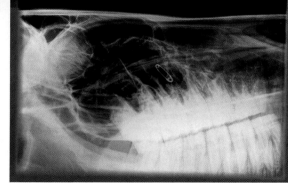

B

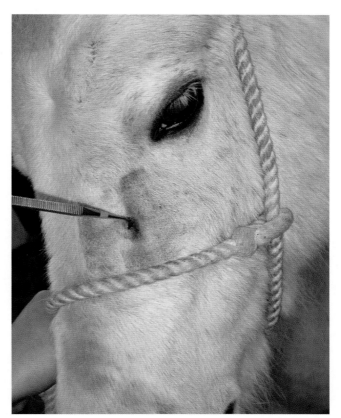

A

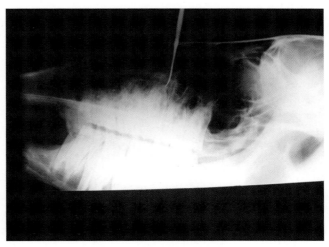

图 17-2（A 和 B） 使用钝的、
有韧性的金属探针进入皮肤瘘道

B

投照位

❶ 侧位投照

侧位投照可显示出鼻旁窦内液平面线与异常情况，因为 X 线束的倾斜不会扭曲鼻窦的解剖结构。侧位投照的主要缺点是不能定位病变是在左侧还是右侧，因为左右两侧是重叠的。因此，这个投照位不能评估白齿根尖个体（图 17-3 至图 17-8）。

摆位

马匹的患侧应该在离 X 线机最远的位置，暗盒应置于暗盒支架，垂直于地面，靠近头部患侧。

X 线束中心与投照范围

X 线束应水平投照，垂直于头部长轴。如果检查白齿和／或鼻旁窦，X 线束中心就对准面嵴嘴背侧面。如果目标区域是头部的其他地方，X 线束中心应对准适当部位（见喉囊、鼻咽和喉 X 线摄影的单独章节）。

X 线束投照范围应该减少散射，但应包括完整上颌白齿弓和全部鼻旁窦。

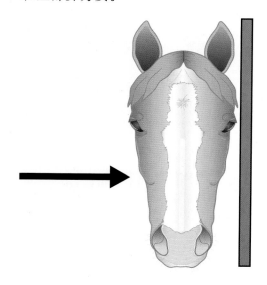

图 17-3 头部侧位的暗盒摆位和 X 线束角度

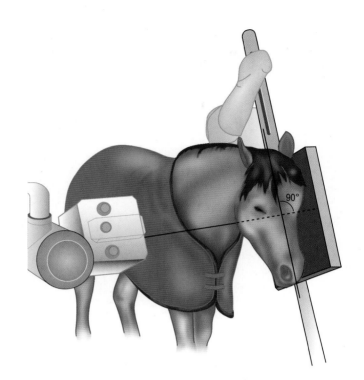

图 17-4 头部侧位的患
马、暗盒、X 线机的摆位

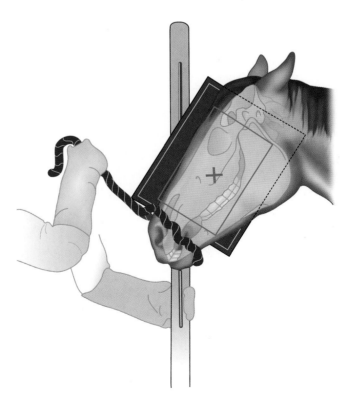

图 17-5 鼻窦和 / 或上颌
臼齿侧位或斜位 X 线摄影的
暗盒摆位、X 线束中心（红
十字）和投照范围（绿色框）

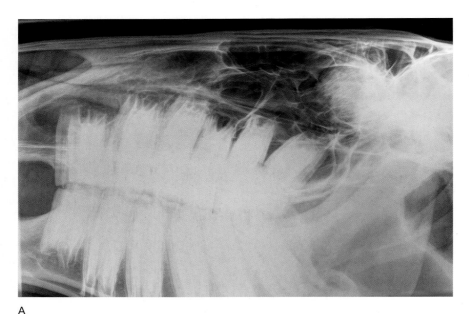

A

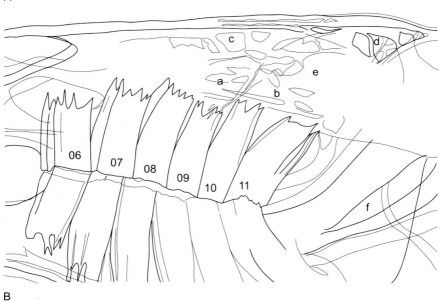

B

图 17-6（A 和 B） 正常马颅骨侧位 X 线片

　显示一成年马（7 岁）上颌臼齿和鼻旁窦。06～11. 上颌臼齿　a. 嘴侧上颌窦
b. 尾侧上颌窦　c. 上鼻甲窦　d. 额窦　e. 筛骨迷路　f. 下颌垂直支

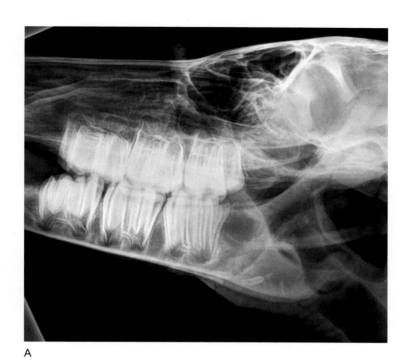

A

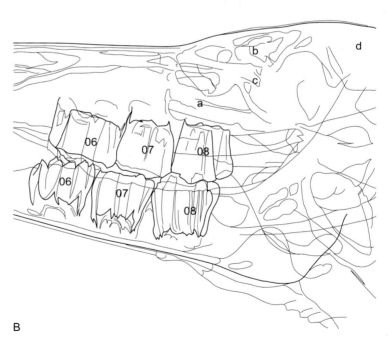

B

图 17-7（A 和 B） 2 周龄马驹正常臼齿和鼻旁窦侧位 X 线片在每一排臼齿中，有 3 个乳臼齿。上颌窦较小。恒齿的齿芽还不明显

a. 上颌窦　b. 额窦　c. 筛鼻甲　d. 颅骨　06~08. 乳臼齿

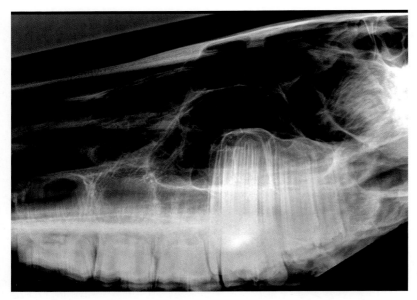

A

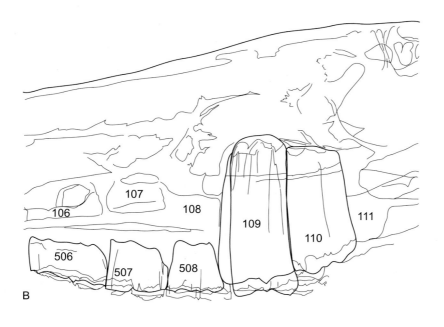

B

图 17-8（A 和 B） 1 岁龄马正常臼齿和鼻旁窦侧位 X 线片

在每一排臼齿嘴侧，有三个乳臼齿（帽）（506、507、508），而恒齿（106、107、108）的齿芽明显，其背侧呈 X 线可透性结构。第一个恒齿（109）已经长出，110 和 111 在其后侧正在发育，但还没长出。

❷ 外 30°背外腹斜位

此投照位可分开头部左右侧组织结构，使之不会相互重叠。它可提供上颌臼齿根尖个体最清晰的影像。在临床表现不明显时，可以帮助定位瘘道是在左侧还是右侧。对比 X 线可透性瘘道内容物，应使用更高的曝光量来拍摄 X 线不透性臼齿（图 17-9 至图 17-12）。

该斜位投照的弊端是：较难稳定获取高质量的斜位 X 线片；鼻旁窦内液平面线通常无法显示，取而代之的是模糊的软组织密影。此外，因为一些组织结构的重叠，使之更难以定位鼻旁窦的具体异常，如上颌窦的背后侧通常会与额窦重叠在一起。

> **小贴士**
>
> • 忽视 X 线束与嘴尾向的夹角是一个易错点，如果可能的话，应避免之。角度过大会扭曲解剖组织结构，尤其难以准确评估臼齿根尖。

摆位

马匹的患侧应在离 X 线机最远的位置。暗盒应置于暗盒支架，垂直于地面，靠近马头部患侧。

X 线束中心与投照范围

X 线束应向下投照，与水平线呈 30°角。如果检查臼齿和／或鼻旁窦，X 线束中心就对准面嵴嘴背侧。如果目标区域是头部的其他地方，X 线束中心应对准适当部位。

应该控制 X 线束投照范围以减少散射，但投照范围应包括完整上颌臼齿弓和鼻旁窦。

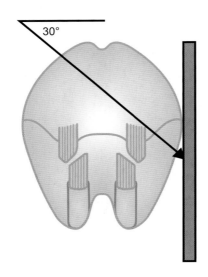

图 17-9　头部外 30° 背外腹斜位的暗盒摆位和 X 线束入射角度

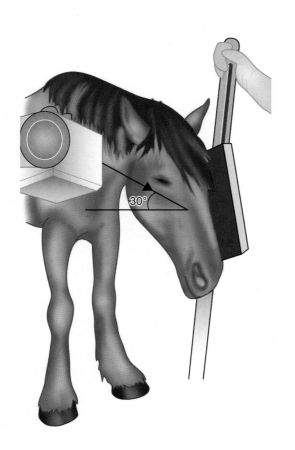

图 17-10　头部外 30° 背外腹斜位的患马、暗盒和 X 线机摆位

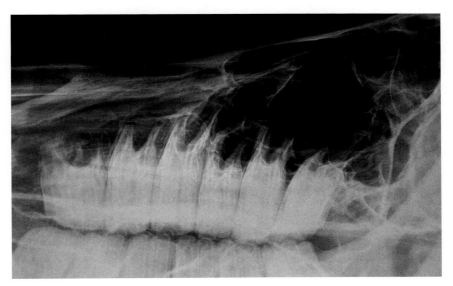

A

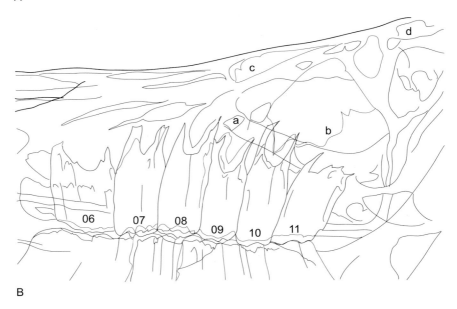

B

图 17-11（A 和 B） 成年马（12 岁）正常臼齿和鼻旁窦的头部外 30° 背外腹斜位 X 线片

06～11. 上颌臼齿　a. 嘴侧上颌窦　b. 尾侧上颌窦　c. 上鼻甲窦　d. 额窦

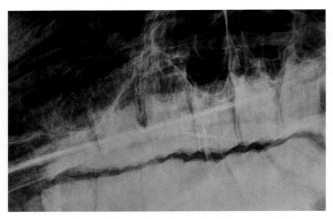

图 17-12　一匹老龄马（23 岁）正常头部的侧位 X 线片
注意剩余的短齿冠和边界不清的齿根。

❸ 外 35°～45°腹外背斜位

此投照位用于区分头部腹侧左右两边结构，使之不会互相重叠，如左右单侧下颌骨和下颌臼齿根尖。尾侧 3 个臼齿的成像需要更高的曝光量，因为厚实的咬肌覆盖在这些牙齿的齿根尖上。尾侧臼齿的 X 线摄影通常需要更大的角度，因为它们位于下颌骨内的更背侧。同理，老龄马匹剩余短节齿冠也需要一个较大的角度（图 17-13 至图 17-16）。

> **小贴士**
>
> - 对于背外侧斜位投照，忽视 X 线束与嘴尾向的夹角是一个易错点，如果可能的话，应避免之。因为与嘴尾向的夹角过大会扭曲解剖结构，尤其难以准确评估臼齿根尖。
> - 应使用 X 线束与背腹向的最小夹角，能清晰分开左右侧臼齿根尖。使用大角度可更好地分开臼齿弓，并显示更多的剩余齿冠，但也会产生齿根尖扭曲伪影。

摆位

马匹患侧应该在离 X 线机最远的位置。暗盒应置于暗盒支架，垂直于地面，靠近头部患侧。

X 线束中心与投照范围

X 线束应向上投照，与水平线呈 35°～45°，X 线中心对准目标部位。

应限制 X 线束投照范围，减少散射，如果可以的话，投照范围应包括腹侧下颌骨皮质和完整臼齿弓。

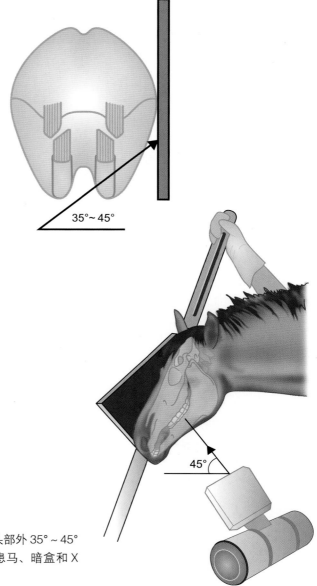

图 17-13 头部外 35°～45° 腹外背斜位的暗盒摆位和 X 线束入射角度

图 17-14 头部外 35°～45° 腹外背斜位的患马、暗盒和 X 线机的摆位

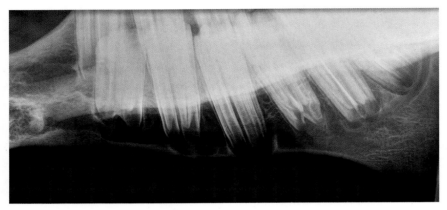

A

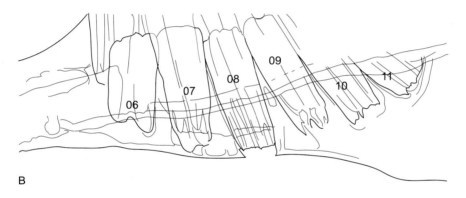

B

图 17-15（A 和 B）　一匹 4 岁龄马正常下颌骨和下颌臼齿根尖（06～11）的头部外 45° 腹外背斜位 X 线片

注意：此年龄的臼齿根尖表现多样性。08（最年轻的牙齿）在紧靠下颌骨皮质腹侧处有一宽大的 X 线可透性的根尖区，而 09（最老的牙齿）牙根已发育好了。

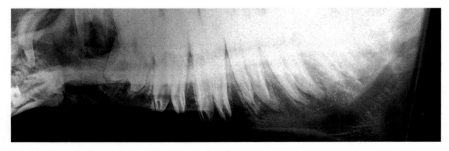

图 17-16　一匹 9 岁龄马正常下颌骨与下颌臼齿的外 45° 腹外背斜位 X 线片与幼龄马匹牙根相比较（图 17-15）

注意：此年龄的所有臼齿根尖存在真正齿根。

❹ 背腹位

镇静的马匹很容易拍摄背腹位（图 17-17 至图 17-19），并且尤其适用于显示鼻甲窦腹侧、鼻腔和鼻中隔。此外，它可以用作诊断上颌骨／下颌骨骨折，评估与嘴侧白齿尖根周感染或窦内肿物相关的上颌骨骨性变形。此投照位也可显示牙齿外侧或内侧移位和牙折（尤其是矢状面牙折），不过，这在仔细检查口腔时能明显可见。

小贴士

- 相对于头部侧位或斜侧位，此投照位需要增加曝光量。
- 放射技师应确保 X 线束准确垂直于下颌支（置于暗盒之上）水平面。即使倾斜了一个小小的角度，也会使一侧的鼻腔、鼻甲窦腹侧和上颌白齿弓变得模糊，并且不能准确提供左右侧上颌窦致密度对比。

摆位

暗盒应平行置于下颌骨腹侧，尽可能放得靠近后部（挤进马匹下巴之下）。

X 线束中心与投照范围

X 线束直接垂直于暗盒，X 线中心对准面嵴嘴侧处的中线。X 线束投照范围应包括头部的左右外侧内容物和骨性眼窝的尾侧。

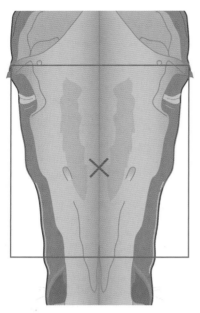

图 17-17 头部背腹位的 X 线
束中心（X）和投照范围（绿色框）

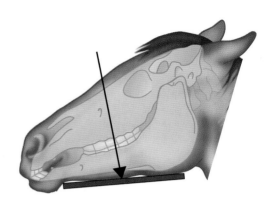

图 17-18 头部背腹位的患马与暗盒
的摆位、X 线束入射角

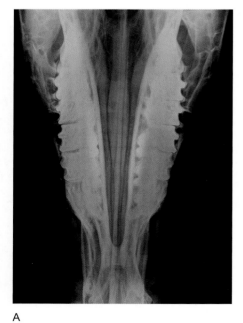

A

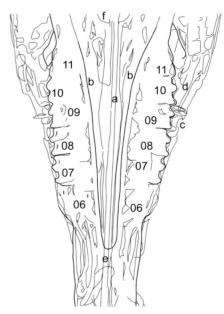

B

图 17-19（A 和 B） 一匹正常马头部背腹位 X 线片
a.鼻中隔 b.鼻腔 c.嘴侧上颌窦 d.尾侧上颌窦 e.下颌联合 f.鼻后孔

❺ 口腔内投照（切齿和犬齿）

此投照位适用于拍摄切齿和犬齿（图 17-20、图 17-21）。应使用现有的最小暗盒，并且病马必须实施镇静，以避免损坏暗盒。与拍摄臼齿所用的曝光量相比，切齿和犬齿需要低曝光量。

摆位

暗盒置于切齿之间，并尽可能向后，由一位戴铅手套的助手扶持着。

X 线束中心与投照范围

取决于切齿的构造，X 线束与垂直线呈 60°～80°投照，向上拍摄下颌切齿／犬齿，向下拍摄上颌切齿／犬齿。X线束中心应对准中央切齿，并且投照范围应包括嘴唇的嘴外侧面。

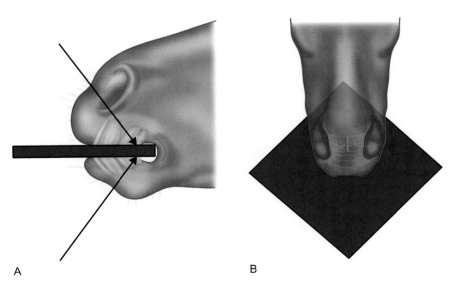

A

B

图 17-20（A 和 B） 切齿和犬齿口腔内投照的暗盒摆放、X 线束中心（红十字）和入射角（箭头所示）

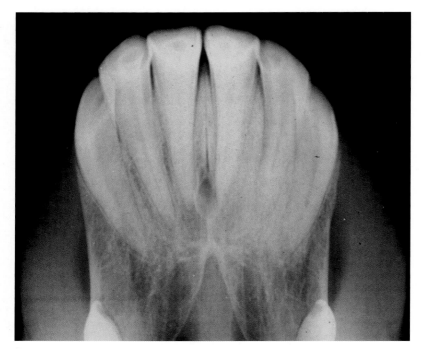

A

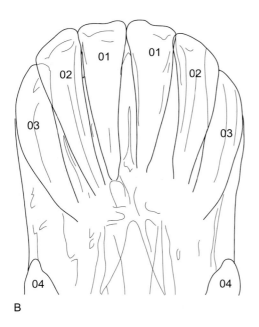

图 17-21（A 和 B） 下颌切齿
和犬齿的口腔内投照 X 线片
　01. 中央切齿　02. 中间切齿
03. 角切齿　04. 犬齿

B

❻ 张口斜位

此投照位（图 17-22 至图 17-24）适用于拍摄马臼齿的出牙齿冠，如纵裂、齿冠折、磨损异常。切齿之间必须放置一个开口器，或用短的空心PVC胶管或木块来分开臼齿弓的咬合面。

摆位

暗盒垂直放置于患侧，紧贴马匹头部。

X 线束中心与投照范围

做此投照时，X 线束投照方向与常规（闭合口腔）斜位相反，即背外腹外位拍摄下颌萌出牙冠，腹外侧侧位拍摄上颌出牙齿冠。X 线束的入射角是外 10°背外腹位（向下）拍摄下颌臼齿，外 15°腹外背位（向上）拍摄上颌臼齿。

X 线束中心应对准面嵴嘴侧，投照范围包括臼齿弓的所有出牙齿冠。

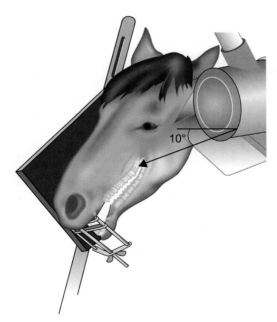

图 17-22　右侧下颌臼齿咬合面的外 10° 背外腹张口斜位的患马、暗盒、X 线机的摆位

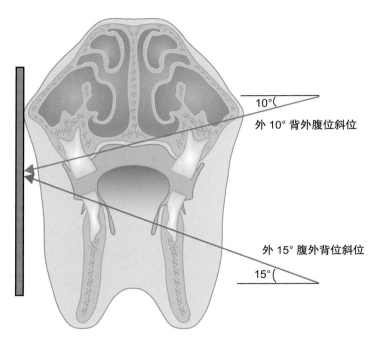

10°(

外 10° 背外腹位斜位

外 15° 腹外背位斜位

15°(

图 17-23　上颌（蓝色箭头）和下颌（红色箭头）臼齿咬合面的
张口斜位的 X 线束方向示意图

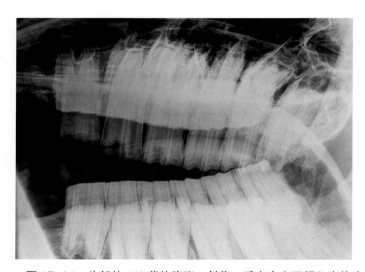

图 17-24　头部外 10° 背外腹张口斜位，重点突出下颌臼齿的咬合面

❼ 喉囊侧位

拍摄喉囊区域和舌骨，适用于怀疑马匹这些区域损伤，尤其当不能做内窥镜检查或无法下结论时。最常用侧位投照（图 17-25、图 17-26），但某些情况下斜位投照也是有帮助的，因为它分开了左右侧组织结构。在侧位投照基础上，与尾嘴向的角度简单增加 10°～20°角就可做斜位投照。

摆位

暗盒垂直放置于患侧，紧贴马匹头部。

X 线束中心与投照范围

X 线束水平投照，垂直于头部长轴，中心对准下颌骨垂直支的尾缘中间位置上。应控制 X 线束投照范围，减少散射。

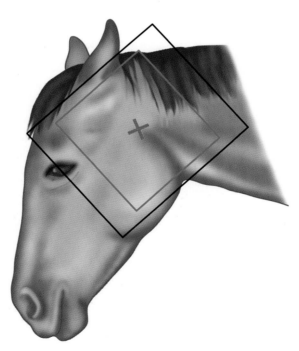

图 17-25　喉囊侧位的患马与暗盒摆位、投照范围与 X 线束中心示意图

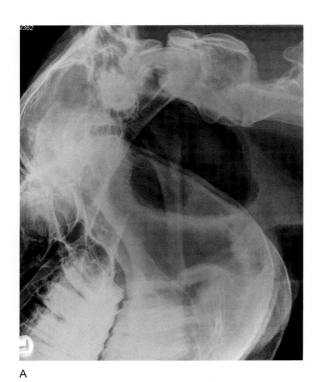

A

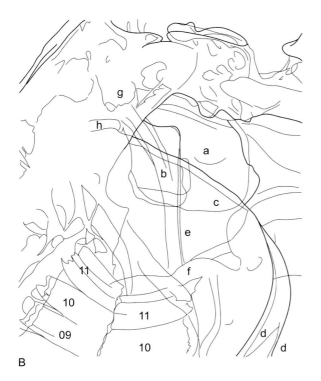

B

图 17-26（A 和 B） 正常马喉囊侧位照
X 线片

　　a. 喉囊　b. 舌骨　c. 下颌骨垂直支尾缘
d. 下颌骨水平支腹缘　e. 鼻咽　f. 会厌
g. 鼓泡　h. 颞 - 颌关节　09 ～ 11. 臼齿

⑧ 鼻咽、喉和前段气管侧位

最好使用可弯曲的内窥镜检查鼻咽、喉和前段气管，然而，当没有内窥镜或无法下结论时，可使用 X 线摄影（图 17-27、图 17-28）。X 线摄影尤其适用于诊断马第 4 腮弓缺损和会厌下囊肿，这些病内窥镜经鼻不能检查。

摆位

暗盒垂直放置于患侧，紧贴马匹头部。

X 线束中心与投照范围

X 线束水平投照，垂直于头部长轴，中心对准下颌骨尾腹角。应控制 X 线束投照范围，减少散射线。

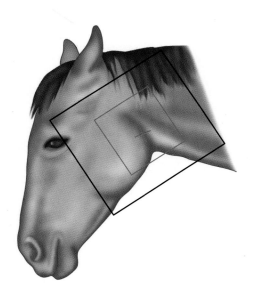

图 17-27　喉侧位的患马与暗盒摆位、投照范围与 X 线束中心示意

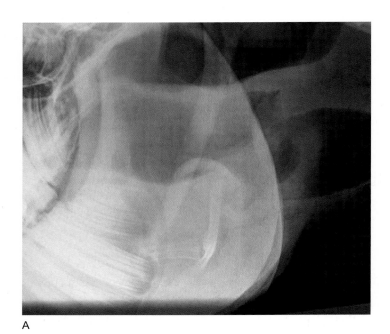

A

B

图 17-28（A 和 B） 正常马匹喉侧位 X 线片

10、11. 臼齿　a. 舌骨　b. 会厌　c. 勺状会厌皱襞　d. 勺状软骨角状突　e. 喉室　f. 气管　g. 鼻咽　h. 喉囊

第18章 胸部 X 线摄影

简介

马胸部 X 线摄影适应证是：咳嗽、双侧鼻漏、呼吸急促和呼吸困难的下呼吸道疾病。马匹伴有胸部听诊杂音或在胸部超声检查时发现异常，也可做 X 线摄影。然而已经证实，马胸部 X 线表现并非与疾病过程的严重性相关，尤其是 X 线所见病灶改善常滞后于患马的临床康复。

在理想情况下，胸部 X 线摄影应该在完全吸气时进行。然而，拍摄吸气末的 X 线片有运动性模糊的较高风险。拍摄呼气末的 X 线片会降低空气／组织对比度，并导致肺部密度增加。在某些病例中，如马匹伴有局限性肺疾病或胸内气管塌陷症时，可既拍摄吸气末 X 线片，又拍摄呼气末 X 线片。

患马准备

虽然一些患马需实施镇静，便于胸部 X 线摄影，但对于伴有严重呼吸障碍的患马应慎用镇静药物。马匹应四肢站立，并且若怀疑为单侧病灶或疾病过程，暗盒应放置于患侧。在大部分病例中，因为最靠近暗盒侧的血胸轮廓会更加分明（并且由于放大倍数少而轻微缩小），所以既要左侧位 X 线片，又要右侧位 X 线片。

投照最常做胸部后背部和后腹部，根据患马体型大小，可使用移动式 X 线机来获取。为了获取成年马匹的两个前胸部投照位，需要更大功率的非便携式 X 线机。

> **小贴士**
> - 应使用大暗盒（42cm×35cm），并且置于不需要支撑的暗盒支架内，不要用手持暗盒支架。
> - 使用 100~120cm 的焦片距。
> - 为了避免运动性模糊，曝光时间要短，使用快速增感屏。
> - 使用滤线栅可提高最终成像的质量，但要求增加曝光量，随之增加辐射安全的风险和运动性模糊的风险。

投照位

❶ 胸部后背侧位

此投照位（图 18-1、图 18-2）可显示后背部肺野、横膈背侧缘、主动脉弓和逐渐变细的肺部血管。

摆位

马匹应四肢站立。暗盒放置于垂直地面的暗盒支架或台架，靠近患侧胸部（除非使用空隙技术，详见下一页的小贴士）。

X 线束中心与投照范围

X 线束应做水平投照，在中等体型的成年马匹中，X 线束中心对准肩胛骨最后端的后方约 20cm、腹侧 15cm 处。投照范围应足够宽，包括后背部的第 14 对肋骨，但 X 线束应保证在暗盒边缘内。

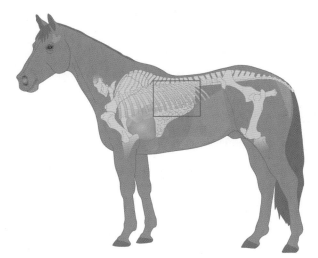

图 18-1　胸部后背侧位 X 线片的暗盒摆位

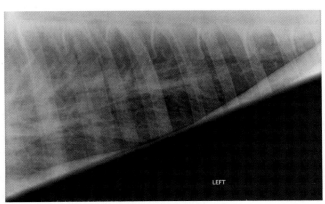

A

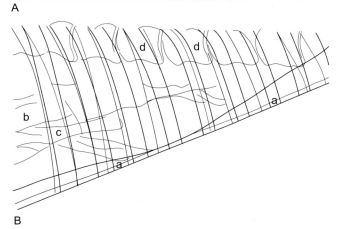

图 18-2（A 和 B）　胸部后背部 X 线片
　　a. 横膈　b. 肺动脉
c. 肺静脉　d. 椎骨体

B

小贴士

● 若不使用滤线栅，在患马和暗盒之间留下空气间隙（15～30cm），可降低散射量。

❷ 胸部后腹侧位

此投照位（图 18-3、图 18-4）可显示心脏轮廓后缘、后腹肺野的横膈中部、从心基和腔静脉暴露出来的肺血管。

摆位

马匹应四肢站立。暗盒放置于垂直地面的暗盒支架或台架，靠近患侧胸部（除非使用空隙技术，详见上一页的"小贴士"）。

X 线束中心与投照范围

X 线束应水平投照，在中等体型的成年马匹中，X 线束中心对准肩胛骨最后端的腹侧 20cm 与后方 10cm 处。投照范围应足够宽，但 X 线束应保留在暗盒边缘内。

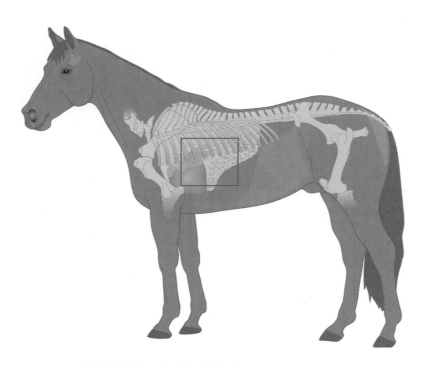

图 18-3　胸部后腹侧位 X 线片的暗盒摆放

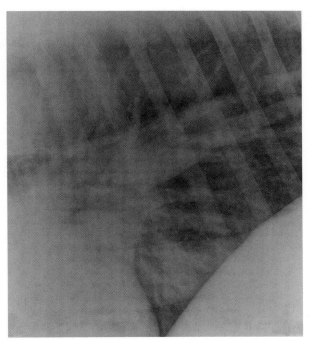

A

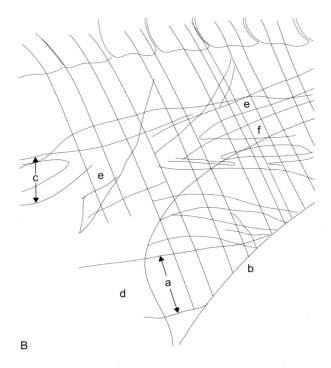

图 18-4（A 和 B） 胸部后腹
侧位 X 线片
　a.后腔静脉　b.横膈　c.气管
d.心脏　e.肺动脉　f.肺静脉

B

❸ 胸部前背侧位

此投照位（图18-5、图18-6）可显示出心基前背侧面、主动脉弓、气管和气管分叉。

摆位

马匹应四肢站立。暗盒放置于垂直地面的暗盒支架或台架，靠近马匹的患侧胸部（除非使用空隙技术）。

X线束中心与投照范围

X线束应水平投照，在中等体型的成年马匹中，X线束中心对准肩胛骨最后端的腹侧10～15cm处。投照范围应足够宽，但X线束应保留在暗盒边缘内。

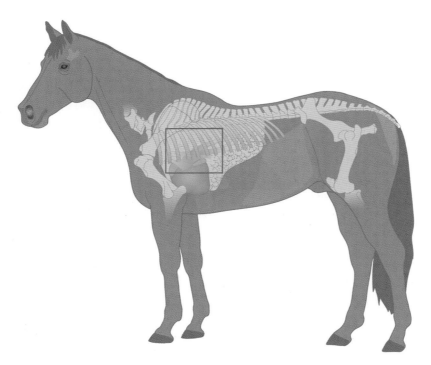

图18-5　胸部前背侧位X线片的暗盒摆放

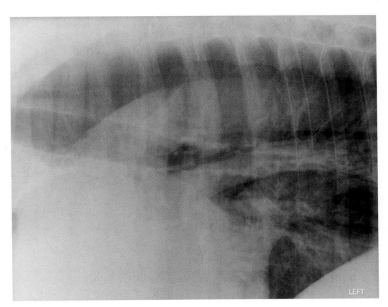

A

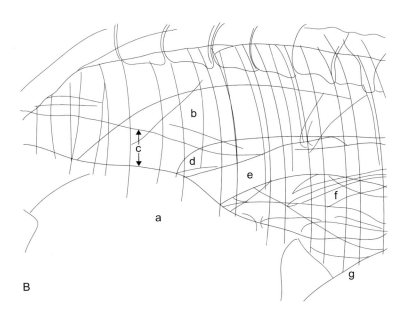

B

图 18-6（A 和 B） 胸部前背侧位 X 线片

　　a. 心脏　b. 主动脉　c. 气管　d. 气管分叉（隆起部）　e. 肺动脉
f. 肺静脉　g. 横膈

❹ 胸部前腹侧位

此投照位（图18-7）在成年马匹非常难以获取，并且适应证很少。应该能显示心脏轮廓前背侧面、胸内气管前段和肩关节后侧面。

摆位

马匹应四肢站立。暗盒置于垂直地面的暗盒支架或台架，靠近患侧胸部（除非使用空隙技术）。

X 线束中心与投照范围

X 线束应水平投照，在中等体型的成年马匹中，X 线束中心对准肩关节后侧 15cm 处。投照范围应足够宽，但 X 线束应保留在暗盒边缘内。

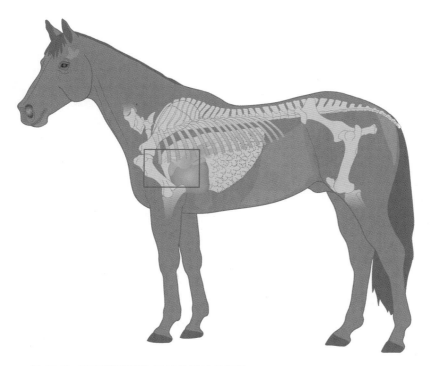

图 18.7　胸部前腹侧位 X 线片的暗盒摆放

第19章 腹部X线摄影

简介

马的腹部X线摄影很少做，其适应证包括：

- 诊断急腹症。
- 怀疑膀胱、输尿管破裂，异位输尿管。

此项技术偶尔使用，已主要被诊断超声替代了。根据马腹部尺寸，只有马驹、矮马和小型马才能获得可靠的X线片（图19-1）。一张使用现有最大码暗盒的侧位X线片，通常足以拍摄这类动物的大部分腹部。如果可能的话，将马驹或矮马站立保定，X线束中心对准中腹部，可获得其腹部X线片。

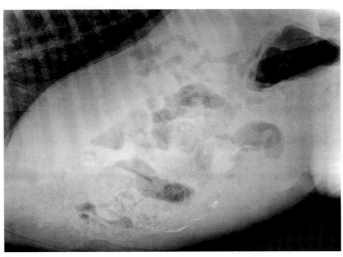

A

B

图 19-1（A 和 B） 一匹 5 日龄马驹站立位的正常侧位 X 线片
注意大肠后段的气体。由于缺乏脂肪，腹部内脏之间的对比度差。

第20章

其他 X 线摄影技术（X 线造影术）

超声诊断仪器的广泛存在，已取代了用于显示软组织结构的 X 线造影剂的大部分用途。此外，现在已经很少使用注射阳性造影剂来检查关节软骨损伤（关节造影术），因为关节镜检查已经成为一项首选技术，评估大部分关节、鞘和黏液囊。口服硫酸钡偶尔用作显示食管狭窄、憩室和功能异常。使用造影剂的其他主要适应证是做腿部滑液腔成像，用来研究创伤与舟骨黏液囊、冠蹄关节和某些马匹远端掌（跖）屈肌腱鞘之间的可能联系。

蹄部 X 线造影技术

马匹常用站立保定做该项检查。将马镇静和局部浸润麻醉（即远轴籽骨神经传导阻滞）会使该程序相对容易。将注射点做无菌处理。在蹄叉区域蹄底穿透创（"马蹄钉"损伤）的典型病例中，经蹄冠区背面做蹄关节注射。经安置于踵部球之间的注射针头，做舟骨黏液囊注射。做最可靠的掌指腱鞘注射至位于系冠部掌侧中线或一籽骨基部的一小凹陷。偶尔也做其他注射部位，以避免经潜在污染组织进入滑液腔。

技术

适用于静脉注射使用的任何灭菌碘化造影剂，都可以注射至滑液腔，来提供 X 线阳性对比（图 20-1 至图 20-3）。在使用造影剂前，应做蹄部外内侧位平片。不能排除使用滑液，但用金属探针轻轻进入伤道的随后图像，将会提供有关穿透方向的信息。经针芯出现滑液，确认进针位置正确后，可吸取一些滑液用于分析，并用造影剂填满滑液腔。应缓慢注射造影剂直至感受到轻微阻力，以确保关节／黏液囊／腱鞘充分充盈。一匹 500kg 的马匹，通常会要求冠蹄关节注射 6～8mL，舟骨囊注射 1～2mL，以及指屈肌腱注射 10～12mL。在每次注射造影剂后，随后做蹄部外内侧位照。若滑液腔已被刺穿，可见造影剂与创伤相连通。

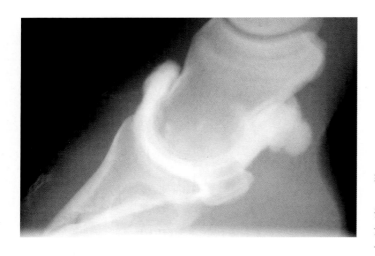

图 20-1　蹄部外内侧位 X 线片

X 线束对准已充盈碘化造影剂的冠蹄关节。此关节肿胀而没有任何造影剂外渗出，排除创伤引起的滑液渗出。

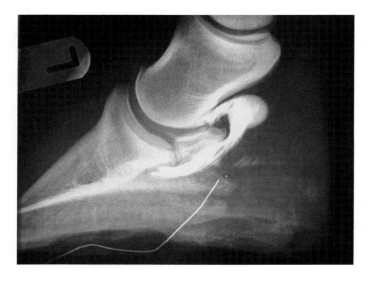

图 20-2　一匹成年马蹄部的外内侧位 X 线片

放置一只金属探针来标识穿透蹄底的创伤部位。造影剂已被注入舟骨黏液囊。舟骨黏液囊肿胀而没有造影剂外渗，因此，黏液囊是完整的。

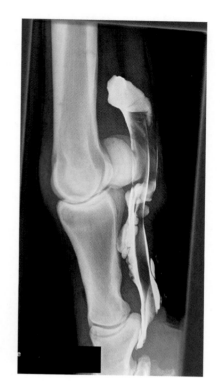

图 20-3　球节的外内侧位 X 线片

在掌指腱鞘注入大约 15mL 造影剂。在系冠部，造影剂显现出靠近球节的两个屈肌腱和深部的指屈肌腱。注意扩张的指腱鞘延伸至蹄部。

附录 I　推荐曝光量

请注意：曝光量需根据各 X 线机、胶片 - 增感屏组合、患马体型大小而改变。

部位	投照位	矮种马		纯血马/混血马		滤线栅
		kV	mAs	kV	mAs	
腹部，小马驹	外侧位	70	25	70	25	否
腕部	外内侧位，屈曲外内侧位，背掌/跖位，背外掌/跖内斜位，背内掌/跖外斜位	60	5	63	6.3	否
腕部	切线位	66	6.3	66	8	否
肘部	内外侧位	66	6.3	66	8	否
肘部	前后位	70	8	73	8	否
球节	外内侧位，背外掌/跖内斜位，背内掌/跖外斜位	55	6.3	60	6.3	否
球节	背掌/跖位	63	12.5	66	16	是
臂骨（近端）	内外侧位	77	16	81	25	是
掌骨/跖骨	外内侧位，背掌/跖位	60	6.3	63	6.3	否
掌骨/跖骨（第二和第四掌骨/跖骨）	背内掌/跖外斜位，背外掌/跖内斜位	55	5	60	5	否
舟骨	外内侧位	63	16	66	16	是
舟骨	背近掌远斜位	63	16	70	16	是
舟骨	掌近掌远斜位	63	16	70	16	是
系冠部	外内侧位，背掌/跖位，背外掌/跖内斜位，背内掌/跖外斜位	55	6.3	63	6.3	否

部位	投照位	矮种马		纯血马／混血马		滤线栅
		kV	mAs	kV	mAs	
蹄骨	外内侧位	60	6.3	66	6.3	否
蹄骨	背近掌远斜位	50	5	55	5	否
蹄骨	背掌／跖位（X线水平投照）	55	6.3	63	6.3	否
骨盆／髋部	腹背位，斜位	81	32	97	50	是
桡骨	外内侧位，前后位，背外掌／跖内斜位，背内掌／跖外斜位	63	6.3	66	8	否
肩部	内外侧位	73	20	90	32	是
头部（窦）	侧位	60	6.3	63	6.3	否
头部（上颌齿）	外斜位	63	6.3	66	8	否
头部（下颌齿）	外斜位	66	6.3	66	8	否
头部	背腹位	70	8	73	8	否
胸骨	侧位	81	25	90	32	是
膝部	外内侧位	66	8	70	10	否
膝部	后前位	77	25	96	40	是
膝部	后外前内斜位	66	8	70	10	否
跗部	外内侧位，背外掌／跖内斜位，背内掌／跖外斜位	60	5	63	6.3	否
跗部	背掌／跖位	63	6.3	70	6.3	否
胸部，前肺野	侧位	77	32	85	32	是
胸部，后肺野	侧位	73	25	81	32	是
胸部，小马驹	侧位	66	16	66	16	是
胫骨	外内侧位，斜位	63	8	66	8	否
胫骨	后前位	66	8	70	8	否
脊椎：前段颈椎	侧位	66	16	70	20	是
脊椎：中段颈椎	侧位	70	20	73	25	是
脊椎：后段颈椎	侧位	77	32	90	40	是
脊椎：中段胸椎棘突	侧位	60	8	63	10	否
脊椎：腰椎棘突	侧位	70	12	77	12	否

附录 II 实际拍摄时所采用的曝光量记录表

部位	投照位	矮种马		纯血马／混血马	
		kV	mAs	kV	mAs
腹部，小马驹	外侧位				
腕部	外内侧位，屈曲外内侧位，背掌／跖位，背外掌／跖内斜位，背内掌／跖外斜位				
腕部	切线位				
肘部	内外侧位				
肘部	前后位				
球节	外内侧位，背外掌／跖内斜位，背内掌／跖外斜位				
球节	背掌／跖位				
臂骨（近端）	内外侧位				
掌骨／跖骨	外内侧位，背掌／跖位				
掌骨／跖骨	背内掌／跖外斜位，背外掌／跖内斜位				
舟骨	背近掌远斜位				
舟骨	掌／跖近掌／跖远斜位				
舟骨	外内侧位，背掌／跖位，背外掌／跖内斜位，背内掌／跖外斜位				
系冠部	外内侧位				
蹄骨	背近掌／跖远斜位				
蹄骨	背掌／跖位（X 线水平投照）				
蹄骨	腹背位，斜位				

部位	投照位	矮种马		纯血马／混血马	
		kV	mAs	kV	mAs
蹄骨	外内侧位，前后位，背外掌／跖内斜位，背内掌／跖外斜位				
骨盆／髋部	内外侧位				
桡骨	内外侧位				
桡骨	外侧斜位				
肩部	外侧斜位				
头部（窦）	背腹位				
头部（上颌齿）	侧位				
头部（下颌齿）	侧位				
头部	侧位				
胸骨	侧位				
膝部	外内侧位				
膝部	后前位				
膝部	后外前内斜位				
跗部	外内侧位，背外掌／跖内斜位，背内掌／跖外斜位				
跗部	背掌／跖位				
胸部，前肺野	侧位				
胸部，后肺野	侧位				
胸部，小马驹	侧位				
胫骨	外内侧位，斜位				
胫骨	后前位				
脊椎：前段颈椎	侧位				
脊椎：中段颈椎	侧位				
脊椎：后段颈椎	侧位				
脊椎：中段胸椎棘突	侧位				
脊椎：腰椎棘突	侧位				

图书在版编目（CIP）数据

马 X 线摄影手册 /（英）马丁·韦弗
（Martin Weaver），（英）萨菲亚·巴拉克扎伊
（Safia Barakzai）编著；熊惠军等主译 .—北京：中
国农业出版社，2019.6
现代马业出版工程　国家出版基金项目
ISBN 978-7-109-23896-1

Ⅰ . ①马… Ⅱ . ①马… ②萨… ③熊… Ⅲ . ①马病－
X 射线诊断－手册 Ⅳ . ① S858.21-62

中国版本图书馆 CIP 数据核字（2018）第 013612 号

合同登记号：图字 01-2017-2601 号

马 X 线摄影手册

MA X XIAN SHEYING SHOUCE

中国农业出版社出版
地址：北京市朝阳区麦子店街18号楼
邮编：100125
责任编辑：张艳晶　弓建芳
版式设计：杨　婧　责任校对：刘丽香
印刷：北京通州皇家印刷厂
版次：2019年6月第1版
印次：2019年6月北京第1次印刷
发行：新华书店北京发行所
开本：787mm×1092mm　1/16
印张：11
字数：180千字
定价：138.00元